养禽与禽病防治

葛 鑫 主编

化学工业出版社
·北京·

内容简介

本书以服务乡村振兴为目标、满足农民就业创业为宗旨，基于家禽生产过程，设置蛋鸡生产、肉鸡生产、鸭生产、鹅生产、禽常见传染病的诊断与防治、禽常见寄生虫病和普通病的诊断与防治共六章，旨在依据养禽企业生产需求，培养实际生产中的饲养管理、疫病防控的职业能力。配有视频讲解，扫描二维码即可观看，利于直观、形象地理解。

本书适合农民培训使用，还可作为基层畜牧兽医人员、养禽企业技术人员培训及高职高专院校相关专业的参考用书。

图书在版编目（CIP）数据

养禽与禽病防治/葛鑫主编．—北京：化学工业出版社，2023.3

ISBN 978-7-122-42826-4

Ⅰ．①养…　Ⅱ．①葛…　Ⅲ．①养禽学②禽病-防治　Ⅳ．①S83②S858.3

中国国家版本馆 CIP 数据核字（2024）第 042864 号

责任编辑：张雨璐　迟　蕾　李植峰　　装帧设计：韩　飞
责任校对：刘曦阳

出版发行：化学工业出版社（北京市东城区青年湖南街 13 号　邮政编码 100011）
印　　装：北京七彩京通数码快印有限公司
710mm×1000mm　1/16　印张 11　字数 189 千字　2024 年 5 月北京第 1 版第 1 次印刷

购书咨询：010-64518888　　售后服务：010-64518899
网　　址：http://www.cip.com.cn
凡购买本书，如有缺损质量问题，本社销售中心负责调换。

定　　价：34.00 元

前 言

畜牧业是关系国计民生的重要产业，畜产品是百姓“菜篮子”的重要农产品，在贯彻落实《国务院办公厅关于促进畜牧业高质量发展的意见》（国办发〔2020〕31号）精神和实施乡村振兴战略的关键时期，养禽业将有更大的发展空间。

本书根据我国养禽业发展现状，基于家禽生产过程，提炼出蛋鸡生产、肉鸡生产、鸭生产、鹅生产，以满足不同种类家禽饲养管理的需要。同时对养禽过程中常见病进行概述并提出预防及控制措施，为养禽业健康发展服务。

全书分为六章，包括蛋鸡生产、肉鸡生产、鸭生产、鹅生产、禽常见传染病的诊断和防治、禽常见寄生虫病和普通病的诊断和防治，并配有视频数字化资源，能有效提升学习实践效果。

本书由葛鑫担任主编，负责全书的统稿。每章编写分工人员如下：葛鑫编写第一章、第五章中第二节和第三节；张绍男编写第二章中第一节、第三节、第四节和第三章、第四章及第六章中第二节；姜中磊编写第二章第二节。姜鑫编写第五章第一节和第六章第一节。黑龙江农业经济职业学院冯永谦教授担任本书的主审。

本书在编写过程中得到多家养禽企业、畜牧业技术推广部门的大力支持和帮助，提供了相关技术资料和编写建议。黑龙江农业经济职业学院各级领导给予高度重视，为课程建设和教材编写提供各方面条件和保障，在此表示感谢。

由于编者的经验和水平有限，书中难免存在不妥之处，诚恳希望有关专家和同行批评指正，以便今后修改，不胜感激！

编者

目 录

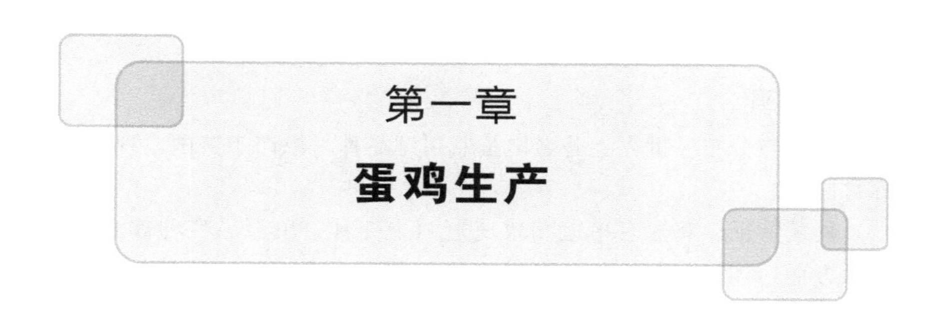

第一章 蛋鸡生产

第一节 蛋鸡品种的选择

一、鸡的标准品种

经过人们有计划地系统选种、选育，并且依据育种组织制定的标准鉴定、认定的品种称为标准品种。鸡的标准品种按经济用途可分为蛋用型、肉用型、兼用型和观赏型。

（一）蛋用型

白来航鸡

（1）产地与分布　原产于意大利，各主要养鸡国家均有该品种，世界著名蛋用型品种。

（2）外貌特征　体型小，轻巧活泼。冠型一共有 12 种，单冠和玫瑰冠是主要的 2 种，以单冠最为普遍。全身羽毛呈白色、紧贴，冠大而鲜红，单冠公鸡的冠较厚、挺立，上缘呈锯齿状，母鸡的单冠开始产蛋时倾斜于一侧。喙、胫、趾和皮肤为黄色，胫无毛；耳叶白色。

（3）生产性能　成年公鸡平均体重为 2.7 千克，母鸡平均体重为 2.0 千克。性成熟早，开产日龄 140～150 天，平均年产蛋在 220 个以上。蛋壳呈白色，蛋重 55～65 克，没有就巢性。饲料报酬高。

现代生产白壳蛋的商品杂交鸡，都是利用白来航鸡先育成具有差异特点的品系，而后采用二元、三元或四元杂交，经过配合力测定，挑选出最佳的配套杂交组合，从而使商品蛋鸡的生产性能具有高产、稳定、饲料报酬高的特点，一般常用公司名称编号出售，如北京白鸡就是白来航的商品杂交鸡。

（二）蛋肉兼用型

1. 洛岛红鸡

（1）产地与分布　世界上著名肉蛋兼用型品种，原产于美国，现已遍布世界各养禽国家。

（2）外貌特征　鸡冠有单冠和玫瑰冠两个变种，单冠品变种被我国引进。体躯呈长方形，体格健壮。红色耳叶、呈椭圆形，喙、胫、趾、皮肤呈黄色，大部分主翼羽、尾羽呈黑色，全身羽毛为红棕色，胫无毛。

（3）生产性能　成年公鸡平均体重3.5～3.75千克，母鸡平均体重2.25～2.75千克。开产日龄180～210天，平均年产蛋160～170个。蛋重60克，蛋壳呈褐色。有就巢性。

现代生产褐壳蛋的商品杂交鸡，一般是利用洛岛红鸡的高产品系在四元配套杂交组合作父本父系和父本母系。利用它具有伴性遗传的特点，作商品蛋鸡的父本，可以使初生雏按其羽色自别雌雄。

2. 狼山鸡

（1）产地与分布　我国著名的蛋肉兼用型品种，原产自江苏省如东、南通两县，我国各地都有饲养。

（2）外貌特征　羽毛大多为纯黑色，少数为白色。单冠红色，头颈部挺立，尾部羽毛高耸，背部呈U字形，胸部丰满。体高且腿长，腿部外侧有羽毛。嘴、腿均呈黑色。

（3）生产性能　成年公鸡平均体重3.5～4.0千克，母鸡平均体重2.5～3.0千克。平均年产蛋量120～170个，蛋重55～65克，蛋壳呈褐色。狼山鸡性情好动，觅食能力佳，抗应激性和抗病力强。肉质口感好，细嫩爽滑。

3. 澳洲黑鸡

（1）产地与分布　著名的肉蛋兼用型品种，原产于澳大利亚，已被我国引进。

（2）外貌特征　体躯高大，单冠红色，肉垂、耳叶也为红色。全身羽毛黑色且带有光泽，喙、胫、趾都呈黑色，脚底呈白色。

（3）生产性能　成年公鸡体重约3.75千克，母鸡为2.5～3.0千克。母鸡开产时间为6月龄，平均年产蛋量160个，蛋重约60克，蛋壳呈褐色。稍有就巢性。

二、蛋鸡的地方品种

蛋鸡地方品种的体型和外貌虽有差异，但都具有生命力强、耐粗饲等优点，但其生产性能较低。它没有经过系统选种、选育，无清晰的育种目标而在某一地区长时间饲养而形成的品种。

1. 仙居鸡

（1）产地与分布　属于蛋用型品种，主要产区在仙居县及邻县，大多分布在浙江省东南部地区，外省也有引种。

（2）外貌特征　羽色较杂，主要为黄色，颈毛羽色较深，尾羽黑色，翼羽半黄半黑。

（3）生产性能　开产日龄150～180天，通常饲养条件下平均年产蛋160～180个，高产的鸡达200个以上，蛋重约42克；就巢母鸡通常占鸡群10%～20%；成年母鸡体重约1.25千克；蛋壳以浅褐色为主。

2. 东乡绿壳蛋鸡

（1）产地与分布　产自江西省抚州市东乡区，属于蛋肉兼用型鸡种。

（2）外貌特征　黑色羽毛，喙、冠、皮、肉、骨、趾均呈乌黑色。母鸡单冠，头部清秀。公鸡单冠，肉垂颜色深而薄，体形呈菱形。

（3）生产性能　成年鸡体重：公鸡约1.65千克，母鸡约1.3千克。成年鸡屠宰率：半净膛，公鸡约78.4%，母鸡约81.8%；全净膛，公鸡约64.5%，母鸡约71.2%。152日龄开产，500日龄产蛋可达160～170个，蛋重约50克，蛋壳呈浅绿色。

3. 白耳黄鸡

（1）产地与分布　属我国稀有的白耳蛋用品种，主要产于江西省上饶地区的广丰、上饶、玉山三县和浙江省江山市。

（2）外貌特征　白耳黄鸡的体型矮小，体重较轻，羽毛紧密，但是它后躯宽大。“三黄一白”是选择它的外貌标准，即黄羽、黄喙、黄脚为“三黄”，白耳为“一白”。耳叶大，呈银白色；喙呈黄色，偶尔喙端呈褐色；全身羽毛为黄色；皮肤和胫都为黄色。

（4）生产性能　成年公鸡平均体重1.45千克，母鸡平均体重1.19千克。初产在152日龄，年产蛋量约184个，蛋重约55克，蛋壳为深褐色。

4. 固始鸡

（1）产地与分布　属于蛋肉兼用型品种，原产自河南省固始县，现主要分布在沿淮河流域以南，大别山脉北麓的地区，安徽省霍邱、金泰等县也有分布。

(2) 外貌特征　固始鸡属于黄鸡类型，体躯三角形，羽毛丰满，单冠挺立，六个冠齿，冠的后缘分叉，耳垂呈鲜红色，眼大且有神，喙短呈青黄色。公鸡羽毛金黄色，母鸡羽毛以黄色、麻黄色居多。

(3) 生产性能　开产日龄在160天，年产蛋约为122～222个，蛋重约51.43克，蛋黄为鲜红色。成年公鸡体重约2.47千克，母鸡约1.78千克。

三、现代蛋鸡品种

现代蛋鸡根据产蛋的颜色将其分为白壳蛋鸡、褐壳蛋鸡、粉壳蛋鸡和绿壳蛋鸡。

（一）白壳蛋鸡

白壳蛋鸡又称为轻型蛋鸡。大多是以白来航品种为基础育成的，其是蛋用型鸡的典型代表。白壳蛋鸡优点是开产早，产蛋量高；没有就巢性；体型较小，耗料少，饲料报酬高；单位面积下饲养密度高，蛋中血斑和肉斑率较低。缺点是胆小怕人，抗应激性较差；活泼爱飞，平养条件下需要设置围栏；啄癖较多，特别是在开产初期由于啄肛造成的伤亡率较高。

1. 京白904

京白904是三系配套，是目前北京白鸡系列中产蛋性能最好的配套杂交鸡。父本为单系，母本两个系。该杂交鸡的优点是早熟、高产、蛋大、生活能力强、饲料报酬高。主要生产性能：0～20周龄育成率约92.2%，20周龄体重约1.49千克，群体在150日龄开产，72周龄时产蛋数可达288.5个，平均蛋重59克，总蛋重约17千克，料蛋比为2.33∶1，产蛋期存活率88.6%。

2. 京白938

京白938是在京白823和京白904配套纯系中挑选出可通过羽色自别雌雄的高产白壳蛋鸡。主要生产性能：20周龄育成率约94.4%；20周龄体重约1.19千克；72周龄产蛋量可达303个，平均蛋重59.4克，总蛋重约18千克，产蛋期存活率90%～93%。

3. 星杂288

星杂288，由加拿大育成，其早先是三系配套，目前是四系配套。该品种曾是誉满全球的白壳蛋鸡，很多国家和地区均饲养。主要生产性能：75周龄产蛋数可达 300 个，20 周龄体重达 1.25～1.35 千克，产蛋期末体重达 1.75～1.95 千克，20 周龄育成率为 95%～98%，产蛋期存活率为 91%～94%。星杂 288 鸡种为北京白鸡选育提供了优秀素材。

4. 海赛克斯白

海赛克斯白系荷兰育成的四系配套杂交鸡，以产蛋强度高、蛋重大而著称。生产性能为：135～140 日龄见蛋，160 日龄产蛋率可达 50%，210～220 日龄产蛋率超过 90%，总蛋重 6～17 千克，72 周龄产蛋量 274.1 个，平均蛋重 60.4 克，产蛋期存活率 92.5%。

5. 巴布可克 B-300

巴布可克 B-300 系美国育成的四系配套杂交鸡。世界上有 70 多个国家和地区饲养。具有产蛋量高，蛋重适中，饲料报酬高的特点。生产性能：0～20 周龄育成率 97%，产蛋期存活率 90%～94%，72 周龄入舍鸡产蛋量 275 个，饲养日产蛋量 283 个，平均蛋重 61 克，总蛋重 16.79 千克，料蛋比 2.29∶1，产蛋期末体重 1.6～1.7 千克。

6. 罗曼白

罗曼白由德国育成的两系配套杂交鸡。由于其产蛋量高、蛋重大，备受人们的青睐。0～20 周龄育成率 96%～98%；20 周龄体重 1.3～1.35 千克；150～155 日龄产蛋率达 50%，高峰期产蛋率 92%～94%，72 周龄产蛋量 290～300 个，平均蛋重 62～63 克，总蛋重 18～19 千克，料蛋比 2.3～2.4∶1；产蛋期末体重 1.75～1.85 千克，产蛋期存活率 94%～96%。

7. 海兰 W-36

海兰 W-36 由美国育成的配套杂交鸡，雏鸡可通过羽速自别雌雄。0～18 周龄育成率 97%，平均体重 1.28 千克；161 日龄产蛋率达 50%，高峰期产蛋率 91%～94%，32 周龄平均蛋重 56.7 克，70 周龄平均蛋重 64.8 克，80 周龄入舍鸡产蛋量 294～315 个，饲养日产蛋量 305～325 个；产蛋期存活率 90%～94%。

（二）褐壳蛋鸡

褐壳蛋鸡又称为中型蛋鸡，是从肉蛋兼用型鸡种培育而来，其优点是性情温和，抗应激性强、好管理；耐寒性好，冬季产蛋较平稳，产蛋重，破损率低，商品鸡通过羽毛颜色自别雌雄。缺点是褐壳蛋鸡体型大，它比白壳蛋鸡每只多占面积 10%～15%，比白壳蛋鸡每天多采食 5～6 克，易偏肥，不耐热；

鸡蛋中血斑和肉斑率高。

1. 京红 1 号

京红 1 号是在世界优秀育种素材基础上，由北京市某公司选育而成的优秀蛋鸡品种，是适合我国饲养环境的优秀蛋鸡品种。其优点是开产早、产蛋多、好饲养、抗病性强，142 日龄产蛋率达 50%；90%以上产蛋率能维持 8 个月以上；适应粗放的饲养环境；育雏、育成的成活率均在 98%以上；产蛋期成活率在 97%以上；高峰期料蛋比可达 2.0～2.1∶1。

2. 海兰褐

海兰褐是美国育成的四系配套杂交鸡，其父本羽色为红褐色，母本羽色为白色。商品雏鸡可用羽色自别雌雄：公雏羽色白色，母雏羽色褐色。海兰商品鸡生产性能：0～20 周龄育成率 97%；20 周龄体重约 1.54 千克，156 日龄可达 50%的产蛋率；29 周龄达到产蛋高峰，高峰期产蛋率在 91%～96%；18～80 周龄饲养日产蛋量为 299～318 个；32 周龄平均蛋重为 60.4 克；20～74 周龄蛋鸡存活率 91%～95%。

3. 伊莎褐

伊莎褐是法国育成的四系配套杂交鸡，是目前公认的最优秀高产褐壳蛋鸡之一。伊莎褐父本两系羽色均为红褐色，母本两系羽色均为白色，商品代雏鸡可通过羽色自别雌雄：公雏羽色为白色，母雏羽色为褐色。商品鸡性能：0～20 周龄育成率在 97%～98%；20 周龄体重约 1.6 千克；23 周龄产蛋率可达 50%；25 周龄时母鸡进入产蛋高峰期，高峰期产蛋率约 93%；76 周龄入舍鸡产蛋量达 292 个，饲养日产蛋量为 302 个，平均蛋重为 62.5 克，总蛋重约 18.2 千克，料蛋比在 2.4～2.5∶1，产蛋期末母鸡体重约 2.25 千克；产蛋期存活率 93%。

4. 海赛克斯褐

海赛克斯褐是荷兰育成的四系配套杂交鸡，该鸡也是目前公认的产蛋性能最好的褐壳蛋鸡之一，在世界上分布广泛，我国各地都有饲养。该鸡种不但产蛋性能好，还具有适应性和抗病力强的特点。父本两系羽色均为红褐色，母本两系羽色均为白色，商品代雏鸡可通过羽色自别雌雄：公雏羽色为白色，母雏羽色为褐色。生产性能：商品代鸡 0～20 周龄育成率为 97%；20 周龄体重约 1.63 千克；78 周龄产蛋量达 302 个，平均蛋重 63.6 克，总蛋重约 19.2 千克，产蛋期存活率 95%。

5. 罗曼褐

罗曼褐是德国育成的四系配套、产褐壳蛋的高产蛋鸡。父本两系均为褐色，母本两系均为白色。商品代雏鸡可用羽色自别雌雄：公雏白羽，母雏褐羽。生产性能：0～20 周龄育成率 97%～98%，152～158 日龄达 50%产蛋率；0～20 周龄总耗料 7.4～7.8 千克，20 周龄体重 1.5～1.6 千克；高峰期产蛋率为 90%～93%；72 周龄入舍鸡产蛋量 285～295 个，12 月龄平均蛋重 63.5～64.5 克，入舍鸡总蛋重 18.2～18.8 千克，料蛋比 2.3～2.4∶1；产蛋期末体重 2.2～2.4 千克；产蛋期母鸡存活率 94%～96%。

（三）粉壳蛋鸡

粉壳蛋鸡是来自洛岛红品种和白来航品种，通过二者正交或反交所产生的杂种鸡，粉壳蛋鸡的蛋壳颜色在褐壳蛋与白壳蛋之间，呈现浅褐色，严格上说属于褐壳蛋，但其羽色以白色为主，伴有黄、黑、灰等杂色羽斑，和褐壳蛋鸡羽色又不相同，故归为粉壳蛋鸡一类。

1. 京粉 1 号

京粉 1 号是北京市育成的，它具有开产早、产蛋量多、好饲养、适应性好、抗病性强的特点。140 日龄产蛋率达到 50%，90%以上产蛋率维持 9 个月以上。育雏、育成的成活率达 97%以上，产蛋鸡的成活率 97%以上，产蛋高峰期料蛋比 2.0～2.1∶1。

2. 海兰灰

海兰灰与海兰褐为同一父本，母本为白来航，单冠，耳叶白色，全身羽毛白色，皮肤、喙和胫的颜色均呈黄色，体型轻小清秀。海兰灰的商品代初生雏鸡全身绒毛为鹅黄色，有小黑点，呈点状分布全身，可以通过羽速鉴别雌雄，成年鸡背部羽毛呈灰浅红色，翅间、腿部和尾部呈白色，皮肤、喙和胫的颜色均为黄色，体型轻小清秀。商品代群体 151 日龄开产，至 74 周龄饲养日产蛋数 310 个，至 32 周平均蛋重 60.1 克，蛋壳颜色粉红。

（四）绿壳蛋鸡

1. 五黑绿壳蛋鸡

五黑绿壳蛋鸡是江西东乡黑羽绿壳蛋鸡原种场以东乡绿壳蛋鸡黑羽、白羽、黄羽和麻羽为素材，经过十多年选育而成。该鸡属于肉蛋兼用型，黑色片羽，具有乌皮、乌脚、乌骨、乌肉、乌内脏等“五黑”特征。开产日龄为 170～

180d，年产蛋量为 140～160 枚，平均蛋重 47～48 克，开产体重 1.1～1.2 千克，淘汰公鸡体重 1.4～1.5 千克，母鸡体重 1.2～1.4 千克。

2. 三凰绿壳蛋鸡

三凰绿壳蛋鸡是利用我国地方品种培育而成，有黄羽、黑羽两个品系。该品种单冠、黄喙、黄腿、耳叶红色。开产日龄 155～160 天，开产体重母鸡为 1.25 千克，公鸡为 1.5 千克。300 日龄平均蛋重 45 克，500 日龄产蛋量 180～185 枚，父母代鸡群绿壳蛋率 97%左右，大群商品代鸡群中绿壳蛋率 93%～95%。成年公鸡体重 1.85～1.9 千克，母鸡 1.5～1.6 千克.

3. 三益绿壳蛋鸡

该配套组合是以黑羽绿壳蛋鸡公鸡作父本，国外引进的粉壳蛋鸡作母本。商品代鸡群中麻羽、黄羽、黑羽的比例大致为 1∶1∶1，可通过快慢羽来识别雌雄。母鸡单冠、耳叶红色、青腿、青喙、黄皮；开产日龄 150～155 天，开产体重 1.25 千克，300 日龄平均蛋重 50～52 克，500 日龄产蛋量 210 枚，绿壳蛋比率 85%～90%，成年母鸡体重 1.5 千克。

四、蛋鸡场常用生产性能指标

蛋鸡场常用生产性能指标有：开产日龄、产蛋量、蛋重及产蛋期料蛋比等。

视频：蛋鸡场常用生产指标

第二节　雏鸡的培育

0～6 周龄的小鸡称为雏鸡。雏鸡具有体温调节机能差，生长发育迅速，代谢旺盛，消化器官容积小，消化能力弱，抗病能力差，敏感，胆小，群居性强等特点。雏鸡的饲养管理与疾病防控称为育雏。育雏是蛋鸡生产中非常重要的一环，不仅直接关系着雏鸡的生长发育，还影响产蛋期的生产性能。

一、育雏前的准备

1. 育雏季节的选择

现代化、规模化的鸡场，大都采取密闭鸡舍育雏，这是因为密闭式鸡舍有很好的控温、通风设备，几乎不受季节影响，不用选择育雏季节，只要根据鸡舍周转情况，就可以实行全年育雏。中、小型养鸡场和农村养鸡专业户，受到设备等条件的限制，大多数采用开放式鸡舍育雏，因为开放式鸡舍受外界环境条件限制，育雏季节的选择直接影响雏鸡的成活率、成年鸡的开产时间和产蛋量。因此，选择适合的育雏季节是育雏前准备的重要环节。

春季育雏特点是气候适宜，阳光充足，温度合适，雏鸡生长发育好，而且可当年开产，产蛋量高，产蛋时间也长；秋季育雏特点是：气候舒适，雏鸡成活率高，但育成后期因为光照时间逐渐延长，会导致母鸡过早开产，影响产蛋量；冬季育雏特点是：气温低，尤其是北方地区育雏需要供暖，成本较高，并且舍内外温差大，雏鸡成活率会受影响；夏季育雏特点是高温高湿，雏鸡易得病，成活率低。由此可见，育雏最好避开夏冬季节，选择春秋两季育雏的效果最好，同时也要参考市场行情和周转计划选择合适的育雏季节。

2. 制订育雏计划

育雏前必须制订好完整周密的育雏计划。制订计划时，最先确定全年总育雏数、育雏批次及每批的饲养数。还要考虑以下问题：一是禽舍、设备条件，总的生产规模、生产计划等因素；二是分析饲料来源，应依据育雏的饲料配方、耗料量标准和各种优质饲料的需要量（特别是蛋白质饲料及各种添加剂的供给），计算需要饲料的费用；三是思考主要负责人的经营能力和饲养管理人员的技术水平，估计能够完成具体规模的育雏任务；四是考虑必须依赖的生产物质条件及社会因素，如水源是否充足，水质是否达标，电力和燃料是否充足，育雏必需的产前、产后服务（如饲料、疫苗、常用物资等的供应和产品销售渠道）是否得到保障。然后将这四个方面的因素进行综合分析，同时结合市场的需求、价格和利润的情况，最终确定每一批育雏的规模。明确每一批的育雏规模后，就决定全年育雏的总量。之后具体拟订进雏及雏鸡周转计划、饲料和物资供应计划、防疫计划、财务收支计划及育雏阶段应达到的技术经济指标。

3. 育雏舍和设备的清洗和消毒

育雏舍应保证保温良好，不透风，不漏雨，不潮湿，无兽害。通风设备正常运转，所有通风口安装防兽害的铁网。舍内照明要分布合理，上下水通畅、无堵漏现象。供温系统正常运行，平养时要准备垫料。进雏前2周对育雏舍的地面、墙壁和天花板进行清扫，之后洗刷地面和笼具等，晾干之后，用2%的氢氧化钠（火碱）喷洒消毒，最后用高锰酸钾和福尔马林进行熏蒸消毒。

除育雏笼外，育雏用具还有饮具和食具，保证其数量充足，分放合理，使每只鸡都能够同时进食和饮水，还要考虑器具大小要适当，可随着雏鸡日龄大小及时更换，使之与鸡相匹配。器具容积要合理，以避免饲料浪费，防止饲料和饮水被粪便和垫草污染。值得注意的是所有器具在使用前都需要进行冲洗和消毒。

（1）冲洗　冲洗前应先关掉电源，不防水灯头须用塑料布包严，再关掉电源，随后用高压水龙头冲洗舍内所有的表面（地面、四壁、屋顶、门窗等），鸡笼、各种用具（如饮水器、盛料器、承粪盘等），以及鸡舍周围，直到用肉眼看不见污物。冲洗后每平方厘米地面仍会残留数万到数百万细菌。

（2）干燥　冲洗后充分干燥可以增强消毒效果，细菌数量可减少到每平方厘米数千到数万个，同时可以避免因为消毒药浓度变稀而降低灭菌效果。对于铁质的平网、围栏与料槽等，晾干后用火焰喷枪灼烧消毒。

（3）药物消毒　消毒时需将所有门窗关闭，以便使门窗表面上能喷上消毒液。消毒剂要选用广谱、高效、稳定性好的，如使用0.1％新洁尔灭，0.3％～0.5％的过氧乙酸、0.2％次氯酸等喷雾鸡笼、墙壁，使用1％～3％的烧碱或10％～20％的石灰水泼洒地面，使用0.1％的新洁尔灭或0.1％的百毒杀浸泡塑料盛料器与饮水器。鸡舍周围也要同时进行药物消毒。

（4）熏蒸　熏蒸前将鸡舍内密封好，放回育雏的器具，地面平养方式的需铺上一层10～15厘米的垫料，按照每立方米空间用40％甲醛液18毫升和高锰酸钾9克，密闭24小时。舍温在15～20℃，相对湿度在60％～80％时熏蒸效果最好，无垫料地面可适当喷水熏蒸。

经过上述消毒过程后，有条件的鸡舍在舍内采样进行细菌培养，要求灭菌率达到99％以上，否则还需要重复进行药物消毒—干燥—甲醛熏蒸过程。完成消毒的鸡舍，要空闲1～2周方可使用。消毒过程一定要切实彻底，避免忽略或流于形式。

4. 饲料、垫料及药品的准备

育雏前要按照雏鸡日粮配方准备充足的饲料，尤其是各种矿物质、维生素和动物蛋白质饲料等。常用的药品，如消毒药、疫苗、抗生素等也要适当准备一些。常用疫苗包括新城疫、传染性支气管炎疫苗及治疗鸡白痢，球虫病和抗应激药物（如电解质和多维）等。这些要根据当地和鸡场内实际情况准备。垫料也按照要求准备充足。

5. 育雏舍预热试温

育雏舍在进雏前1～2天完成预热试温，预热试温是为了使进雏时的温度相对稳定，同时也检查供温设施是否完好，这项工作在冬季育雏时尤为重要。预温也可使舍内残留的福尔马林逸出。

二、雏鸡的饲养

1. 雏鸡的饮水

先饮水后开食是育雏的基本原则之一。据研究，出雏24小时后雏鸡消耗体内水分8%，48小时消耗体内水分15%，所以，一定要在雏鸡充分饮水1～2小时后再开食，因为雏鸡出壳后体内还有一部分卵黄没有被充分吸收，对雏鸡的生长还有作用，及时饮水有利于卵黄的吸收和胎粪排出，也有利于增进食欲。此外在运输途中和育雏室的高温环境下，雏鸡身体内的水代谢和呼吸的散发都消耗大量水分，饮水有利于体力的恢复。所以，育雏时，必须重视初饮，确保每只鸡都能够喝上水。

育雏的第一周最好饮用温水（水温不低于18℃）。饮水时，可以在水中适当加入维生素、葡萄糖，使雏鸡健康生长。特别是经历长途运输的雏鸡，饮水中加入葡萄糖和维生素C可以明显提高其成活率。育雏的初期，特别是前3天，确保雏鸡充分饮水，应给予足够的光照。断水会导致雏鸡干渴，抢水而发生挤压，出现损伤。所以，在整个育雏期内，要确保全天供水。每百只不同周龄小母鸡在不同气温下的需水量可参照表1。

表1 每百只不同周龄小母鸡在不同气温下的需水量 单位：升

周龄	饮水量		周龄	饮水量	
	≤21.2℃	≤32.2℃		≤21.2℃	≤32.2℃
1	2.27	3.30	7	8.52	14.69
2	3.97	6.81	8	9.20	15.90
3	5.22	9.01	9	10.22	17.60
4	6.13	12.60	10	10.67	18.62
5	7.04	12.11	11	11.36	19.61
6	7.72	13.22	12	11.12	20.55

随着雏鸡日龄的增加，要及时更换饮水器的大小和型号，数量上一定要满足雏鸡的需要。使用水槽时，每只雏鸡应有2厘米的槽位，小型饮水器应确保50只雏鸡一个，并且要定期对其进行清洗和消毒。

2. 雏鸡饲喂

（1）雏鸡开食时间 雏鸡的第一次喂饲称为开食。开食一定要适时，开食过早会出现初生雏鸡消化器官尚未发育完全而使健康受损，过晚开食则导致雏鸡不能及时得到营养而虚弱，影响今后的生长发育和成活。研究发现：在雏鸡出壳后24～36小时开食死亡率最低。在实际饲养中，开水2小时后当有60%～70%的雏鸡可随意走动并有啄食行为时开食为宜。不同开食时间对雏鸡增重的影响可见表2。

表2 不同开食时间对雏鸡增重的影响

雏鸡体重/克	开食时间/小时					
	出壳后/12	24	48	72	96	120
开食时体重	39.7	40.9	40	39.2	38	34.5
2周龄体重	84.6	95.6	89.6	75.6	69.6	67.2

（2）开食及饲料　开食饲料以优质颗粒配合饲料为宜，开食时，为了使雏鸡较容易发现饲料，应该增大光照强度。开食盘一定和饮水器间隔并均匀放置，以确保每只鸡都可以采到饲料。平面育雏时，在最初几天最好把饮水器、开食盘放在热源附近，以便于雏鸡取暖、采食和饮水。开食3天之后应该用料桶代替开食盘，以避免粪便对饲料的污染。用料桶代替开食盘时一定要逐渐进行，避免个别鸡只找不到饲料使其正常采食受到影响。

喂料要做到少喂勤添，促进鸡的食欲，1～2周每天饲喂5～6次，3～4周每天饲喂4～5次，5周以后每天饲喂3～4次。不同品种的雏鸡饲料喂量也不同，而且饲喂量还与饲料的营养水平有关，应依据本品种的体重要求和鸡群的实际体重来及时调整饲喂量，也可采用自由采食的方法。不同类型雏鸡喂料量可参见表3。

表3 不同类型雏鸡喂料量

周龄	白壳蛋鸡		褐壳蛋鸡	
	日耗料/（克/只）	周累计耗料/（克/只）	日耗料/（克/只）	周累计耗料/（克/只）
1	7	49	12	84
2	14	147	19	217
3	22	301	25	392
4	28	497	31	609
5	36	749	37	868
6	43	1050	43	1169

三、雏鸡的管理

1. 提供适宜的环境条件

（1）适宜的温度　温度是育雏成败的关键因素。刚出壳的小鸡，体温调节功能不完善，体温略低于成年鸡 2℃，其绒毛稀少，无法御寒。而且雏鸡进食量小、运动少、产生的热量少，因此必须由外界提供适宜的温度，才能保障它的体温和生长发育。供温适宜与否，直接关系着雏鸡的运动、采食、饮水及饲料的消化吸收和身体的健康状况，所以必须严格控制育雏温度。

育雏温度包括育雏器的温度和鸡舍内温度。鸡舍内温度一般低于育雏器的温度，育雏的环境温度通常有高、中、低区别，这样即可促使空气对流，也让使雏鸡依据其生理需要自由选择适宜自己的温度。在适宜的温度条件下，有利于雏鸡体内卵黄进一步吸收，促使雏鸡发育健壮、生长整齐。因此，育雏初期温度可控制在 33～35℃，之后每周下降 2～3℃，直到 18℃进行脱温（表 4）。

表 4　育雏的适宜温度

温度/℃	周龄				
	0～1	1～2	2～3	3～4	4～5
育雏器	35～32	32～29	29～27	27～21	21～18
育雏室	24	24～21	21～18	18	18

育雏器的温度是指与鸡背等高处的温度，测温时要距离热源 50 厘米。使用保温伞育雏时，可以将温度计挂在保温伞边缘。立体育雏时，要将温度计挂在鸡笼内热源区底网上。

随着雏鸡的生长，体温调节功能逐步加强，生理机能日益完善，因此，育雏期的温度一定要根据雏鸡日龄、鸡群大小、外界环境状况等进行调节。温度调节遵循的规律是：前期温度高，后期温度低；小群育雏温度高，大群育雏温度低；夜间温度高，白天温度低；肉鸡温度高，蛋鸡温度低；一般高低温差不超过 2℃。育雏温度适宜与否除查看温度计外，还可以观察雏鸡行为表现。温度过高时，雏鸡远离热源，张口呼吸，呼吸频率加快，两翅张开下垂，饮水量增加，采食量减少；温度过低时，雏鸡集中在热源附近扎堆，运动少，毛竖起，夜间睡眠不安，经常发出叫声；温度适宜时，雏鸡均匀地分散在育雏器内，活泼好动，食欲良好，羽毛光亮、整齐。整个育雏期间供温应该适宜、保持平稳，切忌忽高忽低。同时也要依据鸡的种类而灵活控制温度，如褐壳中型蛋鸡因为其羽毛生长速度慢于白壳轻型蛋鸡，在育雏时褐壳蛋鸡前期温度要略高于白壳蛋鸡，到中后期则可以与白壳蛋鸡相同。

（2）适宜的湿度　雏鸡的健康生长需要保持一定的环境湿度，但不像温度那么严格。湿度过高过低对雏鸡均有不良的影响。湿度过高时，在高温高湿条件下，雏鸡闷热难受，身体虚弱，影响生长发育；在低温高湿条件下，雏鸡体热散发更快而感到更冷，导致御寒和抗病能力降低。湿度过高，特别是垫料潮湿，易于各种病原微生物的生长和繁殖，引起雏鸡发病。一般来说，雏鸡的饲养密度大，鸡的饮水、排便和呼吸都向外散发出水汽，因此育雏室内空气的湿度一般不会太低，但是在雏鸡10日龄前因为舍内温度高、雏鸡的饮水量及采食量较小，应适当在地面洒水或用加湿器加湿，把相对湿度控制在60%～70%。伴随雏鸡日龄增加，鸡的饮水量、采食量、排粪量都相应增加，空气湿度增大，相对湿度控制在50%～60%。14～60日龄是球虫病高发期，应维持舍内干燥，预防球虫病发生。实际生产中，保持雏鸡舍湿度的措施有：定时清理粪便，勤换、勤晒垫草，饮水器完好无漏水现象，重视通风换气，适当降低饲养密度。

（3）通风换气　雏鸡虽体积小，但生长速度快，代谢旺盛，需氧量大，排出的二氧化碳量也大，加上饲养密度大，如不能及时清粪，粪中的含氮物分解会产生氨气等有害气体，不利于鸡群健康。特别在冬季，为了保温而将鸡舍封闭过严，会引起鸡舍氧气含量下降，氨气和二氧化碳含量增高，导致鸡食欲下降，生长受阻。所以，在育雏期必须合理通风，为雏鸡提供新鲜空气，排出舍内有害气体，而且还要保证舍温分布均匀，湿度适宜。一般情况下，室内二氧化碳的浓度不得高于0.5%（正常含量为0.3%），氨气的浓度不应高于0.002%，否则鸡会因吸收大量氨气使中枢神经系统受到强烈刺激，而发生呼吸道疾病，导致饲料报酬降低，性成熟延迟，抵抗力减弱，死亡率增加。

通风换气的次数要根据鸡的日龄、体重、季节和温度变化灵活掌握。为了解决通风与保温的矛盾，一般可在通风前可适当提高舍温2℃左右，冬季通风应该避免在早晚气温较低时进行，通风时，避免让气流流向正对鸡群，对于一周龄内的雏鸡更应小心谨慎。一周后的雏鸡可以逐渐加大通风量，特别在天气不是很冷时，应每隔2～3小时进行一次通风换气，这样可以增强雏鸡对温度变化的适应能力。密闭鸡舍不同日龄鸡的换气量可参见表5。

表5　密闭鸡舍不同日龄鸡的换气量（1000只/小时）

日龄	体重/克	换气量/立方米	
		最大	最小
0～20	230	1800	456

续表

日龄	体重/克	换气量/立方米	
		最大	最小
21～30	305	2400	600
31～50	600	4680	1200
51～70	810	6300	1620
71～90	1030	8040	2040
91～120	1330	10380	2640
121～150	1540	12000	3060
成鸡	1990	15000	3780

注：体重1千克最大换气量为7.8立方米/时；最小换气量为1.98立方米/时。

（4）合理的光照　光照不但可以促进雏鸡的运动，便于采食和饮水，并且光照时间的长短与鸡性成熟也有着密切的关系。在鸡生产中，光照最重要的作用是刺激鸡的脑垂体，促进生殖系统发育。所以在雏鸡生长发育期，尤其是育雏后期，若是光照时间过长，则引起鸡的性早熟；光照过短，会延迟性成熟。

0～3日龄的雏鸡每日宜采用23～24小时光照，为了鸡尽快熟悉环境，及时开食、饮水。此时光照强度要高，通常以10勒克斯（约每平方米5.4瓦）为宜。以后的光照按光照制度执行（见育成鸡饲养部分）。

（5）合理的密度　单位面积饲养的鸡数称饲养密度。密度过大，不仅室内二氧化碳、氨气、硫化氢等有害气体增加，空气湿度增高，引起垫草潮湿，而且雏鸡活动受到影响，易发生啄癖。饲喂时还容易出现采食不匀，致使雏鸡生长发育不良，鸡群的整齐度差，发病率和死亡率升高。密度过小，鸡舍设备不能充分利用，饲养成本升高，影响经济效益。生产实际中应根据鸡舍结构、饲养方式和雏鸡品种综合考虑，确定适宜的饲养密度。适宜的饲养密度如表6。

表6　不同育雏方式雏鸡的饲养密度

地面平养		立体笼养		网上平养	
周龄	只/平方米	周龄	只/平方米	周龄	只/平方米
0～1	50	0～1	60	0～1	50
1～2	30	1～3	40	1～2	30
2～3	25	3～6	34	2～3	25
4～6	20	6～11	24	4～6	20
		11～20	14		

2. 做好日常管理

育雏是细致的工作，在抓好上述的饲养管理措施基础上，还要做好以下日常管理工作，只有掌握雏鸡的变化，才能及时分析原因，采取相应的措施，提高育雏成活率，降低损失。

（1）观察鸡群的采食、饮水状况　观察鸡群对给料的反应，采食的速度、争抢的程度和饮水情况等方面，判断鸡的健康状况。如果发现鸡群采食量突然减少，可以从饲料质量下降、饲料品种或者饲喂方法改变、饲料腐败变质或有异味、育雏温度异常、饮水不充足、饲料中长期缺乏沙砾或鸡群发生疾病查找原因；如鸡群饮水过多，通常考虑是因为育雏温度太高，相对湿度过低，或是鸡群发生球虫病、传染性法氏囊病等，也可能是由于饲料中食盐含量过高。总之应及时查找原因，以免造成更大的损失。

（2）观察雏鸡的精神状况　及时挑出鸡群中的病雏、弱雏，将其单独饲养或淘汰。病雏、弱雏经常表现离群闭眼呆立、羽毛凌乱不洁、翅膀下垂、呼吸音异常等。

（3）观察雏鸡的粪便情况　通过观察粪便的颜色、形状是否正常，判断鸡群是否健康或饲喂饲料的是否适合。刚出壳、没有采食的雏鸡排出的胎粪为白色或者深绿色稀薄液体，采食后鸡的粪便呈圆柱形或条形、表面伴有白色尿酸盐沉淀的棕绿色粪便。如果早晨单独排出粪便呈黄棕色糊状，也是属于正常粪便。病理状态下的粪便有以下几种常见情况：发生某些传染病如大肠杆菌病时，雏鸡排出黄白色、黄绿色带有黏液、血液等的恶臭稀便；发生鸡白痢时，因粪便中尿酸盐成分增加，排出白色糊状或石灰浆样的稀便，甚至糊肛；发生球虫感染时排棕红色的血便。

（4）观察鸡群的行为　看鸡群是否有恶癖例如啄羽、啄肛、啄趾及其他异食情况，观察有无瘫鸡、软脚鸡等，以判定日粮中的营养是否均衡等。

（5）定期称重　要想了解雏鸡的发育情况，应该定期随机抽测5%～10%的雏鸡进行称重，并且与本品种标准体重对比，发现明显差别时，应该及时修订饲养管理措施。

（6）适时断喙　因为鸡的上喙有一个小弯弧，采食时饲料易被刨到槽外，导致饲料浪费。另外，育雏温度过高、鸡舍内通风换气不充分、饲料营养成分不均衡、鸡群密度过大、光照过强等，都能引起鸡只相互啄羽、啄肛、啄趾或啄裸露部分，出现啄癖。啄癖一旦形成，鸡群会骚动不安，鸡只死

视频：断喙

淘率显著上升。在现代养鸡生产中，为减少啄癖的发生和饲料浪费，必须进行断喙。

断喙的时间一般在1日龄、7～10日龄，这时雏鸡耐受性比初生雏强，体重较轻，方便操作。此外在育成阶段，7～8周龄、10～14周龄还需要断喙一次。断喙工具最好是使用专用断喙器，如没有，也可用电烙铁或者烧烫的刀片代替。

断喙器的工作温度根据鸡的大小、喙的坚硬程度调整。7～10日龄的雏鸡，刀片温度要达到700℃较合适，此时，可以看到刀片中间部分呈樱桃红色，这个温度可以及时止血、消毒。断喙温度与时间见表7。

表7 断喙温度与时间

断喙温度/℃	断喙时间				
	1日龄	6～10日龄		7～8周龄	10～14周龄
		永久性	非永久性		
700	2.5s	2.5s	1s	1s	1s
850	2s	1.5s	0.75s	0.5s	0.5s

断喙方法：左手握住雏鸡，右手拇指与食指压住鸡头，将喙插入刀孔，切去上喙1/2，下喙1/3，做到上短下长，切后在刀片上灼烙2～3秒，有利于止血。

断喙要注意的问题：避开免疫接种时间和鸡群生病时间；断喙时也要避开其他的应激；在断喙之后全天供足含维生素K_3的饮水（在每升水中添加1克维生素K_3）以防出血，也可在断喙前后3天饲料内添加维生素K_3，每千克料约添加2毫克；设定好刀片的温度，控制好烧灼的时间，防止烧灼不充分而流血；断喙后食槽内要多添加一些饲料，饲料厚度不要少于3～4厘米，避免鸡采食时碰到硬的槽底有疼痛感而影响吃食；种用的小公鸡可不断喙。

3. 及时分群

鸡只称重可以了解鸡群的整齐度情况。鸡群整齐度即鸡群平均体重±10%范围内的鸡数占全群鸡数的百分比来表示。整齐度小于70%时需按体重大小进行分群饲养。

4. 搞好卫生防疫

鸡舍实行全进全出制度。这样既可避免鸡只之间的交叉感染，也利于饲养管理。育雏结束鸡转出之后，对育雏舍进行彻底消毒，并且空舍2～3周，以切断病原微生物循环感染；同时制定严格的消毒制度，育雏期间定期对育雏舍及周围环境进行消毒，消毒过程中，必须交替使用两种以上化学成分不同的消毒剂，以避免出现耐药性而影响消毒效果；做好饮水卫生，定期清洗饮水器具并进行消毒；搞好疾病的预防工作，必须按照防疫制度认真执行，需要注意的是防疫和消毒不能同时进行，否则防疫效果会下降。

5. 做好日常记录

为了总结经验，搞好下批次的育雏工作，每批次育雏都要认真记录，在育雏结束后，系统分析。主要记录数据有温度、湿度、光照时数与通风换气情况；鸡的存栏只数、死亡淘汰数及其原因；饲料的饲喂量与鸡的吃食、饮水情况；免疫接种、投药情况等。

第三节 育成鸡的培育

育成鸡的培育通常是指7周龄到产蛋前的后备鸡培育。育成鸡具有环境适应性好，抗病性增强等生理特点。此时鸡的消化机能逐渐增强，骨骼与体重迅速增长，生殖系统日益发育，羽毛逐渐健全。依据实际生产中营养需求和生理特点将育成期分为育成前期（7～14周龄）、育成后期（15～18周龄）、预产期（18周龄～5%的产蛋率）3个阶段。

一、育成鸡的饲养

1. 育成鸡的营养

视频：育成鸡的培育目标

育成期的饲料中粗蛋白含量，应该从7～20周龄逐渐减少，6周龄前粗蛋白含量为19%，7～14周龄下降到16%，15～18周龄到14%。使用低水平营养控制鸡的早熟、早产和体重过大，对后期产蛋阶段的总蛋重、产蛋时间有利。此外，育成期饲料中矿物质含量要足够，钙和磷比例应保持在1.2～1.5：产蛋鸡在1。同时，饲料中各种维生素和微量元素比例要适当。育成期食槽要充足，每天喂3～4次，为了增强育成鸡的消化机能，地面平养每100只鸡每周喂0.2～0.3千克沙砾，笼养鸡按照饲料量的0.5%喂给。

2. 限制饲养

限制饲养简称限饲，是人为地控制鸡采食的一种方法。合理的限饲对蛋鸡生长非常重要，限饲既可以控制鸡的生长，避免过早性成熟，又可以节约饲料。限制饲养的方法有以下两种。

（1）限量法　这是限制饲喂量的方法，一般适用于中型蛋用育成鸡。可以分为定量限饲、停喂结合、限制采食时间等。定量限饲就是不限制鸡的采食时间，将配合好的日粮按限制饲喂量喂给，喂完为止，通常限制饲喂量是正常采食量的80%～90%。要是采取这种办法，必须知道鸡的正常采食量，每天的喂料量应准确称量，并且日粮的质量必须符合要求；停喂结合是根据鸡群情况，采用例如一周停喂一日、三日停喂一日或是隔日饲喂等。

（2）限质法　限制日粮中的能量和蛋白质水平，一般适用于轻型蛋用育成鸡。可以采用低能、低蛋白质日粮，鸡自由采食。例如，代谢能为11.72兆焦耳/千克，粗蛋白质为14%的日粮，对育成期鸡群及其往后的产蛋性能无不良影响。此外，还可以采取限制日粮中氨基酸含量的方法限制饲养。比如，降低日粮中蛋氨酸或赖氨酸的含量，使育成鸡的生长速度变缓，从而达到限制肥大和早熟的目的。

限饲需要注意的是：

限饲前，将病鸡和弱鸡挑出，以免增加限饲时的死亡数。准备好充足的水槽、食槽，撒料要均匀，要保证每只鸡都有一个槽位，使鸡只同步吃料。每1～2周（一般隔周称重一次），在固定的时间随机抽取鸡群的2%～5%进行空腹称重，如体重超过标准重的1%，要在最近3周内总共减去实数1%的饲料量，比如，育成鸡比标准体重低100克，要在最近3周内总计增加100克的饲料量（体重低于标准重1%则增加饲料1%）。如遇到鸡群发病或处于应激状态，应立即停止限饲改为自由采食。限饲从8～12周龄开始，到18周转群上笼前结束。限饲过程中，饲料营养水平和喂料量应该根据体重、发育情况及时调整。

二、育成鸡的管理

1. 育成前期的管理

从育雏期过渡到育成期，饲养管理必然发生变化，但一定要逐步进行，做好向育成期的过渡

（1）转群　如果育雏和育成是在同一鸡舍完成，只需降低鸡群饲养密度。若育雏和育成不在同一鸡舍饲养，到7周龄初需要把雏鸡转到育成舍。在转群

前一定要彻底清洗、消毒育成舍及用具，转群时，仔细挑选，淘汰病鸡、弱鸡，以保证育成率。

（2）脱温　一般外界温度达到18℃以上，达到脱温周龄就可脱温。降温要求缓慢，脱温必须稳妥。特别是在早春育雏，即使已到脱温周龄，但室外气温还较低，并且昼夜温差大，也必须延长供温时间。脱温后如遇到降温仍需适当给温，而且要加强对鸡群的夜间观察，避免意外事故的发生。

（3）换料　育雏料和育成料在营养成分上有较大差别，转入育成舍后不能突然换料，应循序渐进，具体方法见表8。

表8　育成鸡逐渐换料法

方法	雏鸡料＋育成鸡料	饲喂时间/天
1	2/3＋1/3 1/2＋1/2 1/3＋2/3 0＋1	2 2 2～3
2	2/3＋1/3 1/3＋2/3 0＋1	3 4
3	1/2＋1/2 0＋1	5～6

第一种方法比较细致，通常在雏鸡或饲料成分变化较大时使用；第二种方法介于两者之间，适用范围更广；第三种方法较粗，通常在成年鸡或饲料成分变化较小时使用。

（4）增加光照

转群的第一天应执行24小时光照，让育成鸡进入新鸡舍后迅速熟悉新环境，降低因转群对鸡造成的应激反应。以后按照光照制度执行。

（5）整理鸡群

转入育成舍后，要核对每笼的鸡数，多则捉出，少则补入，确保每笼鸡数符合饲养密度要求，同时清点鸡数，以便管理。在清点时，要将体小、伤残、发育差的鸡捉出分笼另行饲养或处理。

2. 日常管理

日常管理是鸡生产的常规性工作，一定要认真、仔细地完成，这样才能确保机体的正常生长发育，提高鸡群的整齐度。日常工作主要程序见表9。

表 9 育雏、育成期主要工作程序

序号	鸡的日龄	工作内容
1	1	接雏,育雏工作开始
2	7～10	第一次断喙
3	42～49	第一次调整饲料配方。先脱温,后转群
4	50～56	公母分群,强弱分群
5	84	第二次断喙,只切去再生部分
6	98～105	第二次调整饲料配方
7	119～126	驱虫,灭虱,转入产蛋舍
8	126～140	第三次调整饲料配方,增加光照
9	140	总结育雏、育成期工作

（1）环境及疫病预防　为了确保育成鸡健康生长发育，舍内空气保持新鲜，环境卫生清洁干燥，维持鸡舍适宜的温湿度，做好饲槽和饮水器的卫生和消毒工作。注意预防、及时驱除羽虱等寄生虫。尽可能避免外界不良因素对鸡干扰和刺激。根据防疫程序做好鸡的防疫工作。

（2）观察鸡群　每日对鸡群细心观察，发现问题及时解决。

（3）光照管理　鸡在 10～12 周龄时生殖器官开始发育，此时光照时间的长短，直接影响性成熟的早晚。育成鸡若在较长或渐长的光照下，会使性成熟提前，反之性成熟推迟。育成期的光照要求是：每天 8～9 小时为宜，强度为 5～10 勒克斯为佳。

① 恒定光照法（密闭式鸡舍采用）。密闭式鸡舍不受外界自然光照的影响，可以采用恒定的光照程序，即从 4 日龄开始，到 20 周龄，恒定为 8～9 小时光照，从 18～20 周龄开始，每周增加光照时间 0.5～1 小时，直至光照时间达到 14 小时。

② 自然光照法（开放式鸡舍采用）。开放式鸡舍饲养育成鸡，由于受外界自然光照的影响，采取自然光照加补充光照的办法。每年 4 月 15 日～9 月 1 日孵化的雏鸡，它生长后半期自然光照处于逐渐缩短时期，利用自然光照，不用人工补充。

③ 渐减光照法（开放式鸡舍采用）。针对每年 9 月 1 日～次年 4 月 15 日之间孵出的雏鸡采用。方法是，查出本批雏鸡到 20 周龄时的白天光照时间，再加上 7 小时，就是 4 日龄～1 周龄的光照时间，从第 2 周开始每周减少光照时间 20 分钟；到 20 周龄时正好与自然光照长短相一致。21 周龄开始每周逐渐增加光照时间至 14 小时。

（4）提高鸡群体重整齐度　鸡群体重整齐度是指处在平均体重±10%范围

内的鸡只数占样本称重鸡只数的百分数，其计算方法如下：

$$鸡群体重整齐度=\frac{处在平均体重\pm10\%的鸡只数}{样本称重的鸡只数}\times100\%$$

正常情况下，鸡群体重整齐度应达到80%以上。鸡群整齐度高，其生产性能就好。以下四方面可以提高育成鸡群体重整齐度。

① 定期称重。称重是掌握鸡群体重的唯一有效的办法，定期称重可以及时掌握鸡群体重的增长情况。称重时一定要遵守两个要求：一是定期称重（每周称重一次），二是随机抽样（一般抽取鸡群的5%左右进行称重）。计算结果要与品种标准体重比较，如差异较大需调整饲料喂量和换料时间，使鸡群保持适宜的体重。

② 调整饲养密度。饲养密度是影响鸡群整齐度的一个关键因素。饲养密度大易引起鸡群混乱，竞争激烈，舍内空气不良，环境恶化，尤其当采食、饮水位置不足会导致部分鸡体重下降，还会引发啄肛、啄羽。密度过小，导致饲养成本增加。通常情况下，笼养蛋鸡饲养密度为每平方米15～16只，网上平养为每平方米10～12只。

③ 适量地采食。加料要均匀，每次喂完料后都要匀料4～5次，确保每只鸡均匀采食。

④ 及时调整鸡群。无论鸡生产中饲养管理如何，鸡群中总会有一些体弱和生长发育不良的鸡，若是不能及时挑出，个别处理，必然影响鸡只生长和生产性能的发挥，造成总体效益受损，所以一定要对鸡群进行个别调整，挑出体质较弱的鸡单独饲养，推迟换料时间，让其尽快达到标准体重，从而提高整个鸡群的整齐度。

（5）做好日常工作记录　记录鸡的品种、入舍日期、批次、入舍数量、转群日期、转群数量、耗料量、均匀度、用药等。

4. 开产前管理

开产前的小母鸡体重持续增加，产蛋前期体重能增加400～500克，从16周开始，小母鸡逐渐达到性成熟。根据开产前小母鸡的生理特点，强化此期的饲养管理，为产蛋期输送合格新母鸡做好准备。

（1）补钙　蛋壳形成时需要大量的钙，其中约有25%的钙来源于骨骼，75%来源是饲料。当饲料中钙不充足时，母鸡会利用骨骼及肌肉中的钙，引起笼养蛋鸡疲劳症。因此在开产前10天或者当鸡群见第一枚蛋时，把育成鸡料的含钙量由1%提高到2%，并且至少有1/2的钙是以颗粒状石灰石或者是贝壳粒供给，也可单独放一些矿物质在料槽中任其采食，直至鸡群产蛋率达5%

时，再将生长饲料改换为产蛋饲料。值得注意的是，补钙不宜过早，早补会影响钙在鸡骨骼中的沉积。

（2）体重与光照　8 周龄时鸡群如果达不到标准体重，原为限饲的要调整为自由采食；原是自由采食的要提高饲料中蛋白质和代谢能的水平，使鸡群开产时体重尽量达到标准。原计划 18 周龄开始增加光照的可延后 1～2 周。鸡群体重达标后，要每周延长光照 0.5～1 小时，直到 14～16 小时后保持不变，但是不能超过 17 小时。

（3）自由采食　一只新开产母鸡在第一个产蛋年中产蛋总重量是其自身重的 8～10 倍，而且它自身体重还要增长 25%。因此，必须采食约是它体重 20 倍的饲料。当鸡群开始产蛋时应该自由采食，并且维持到产蛋高峰和高峰后 2 周。同时，生长饲粮改换为产蛋饲料还要和开产前增加光照相配合，通常在增加光照后改换饲粮。

第四节　产蛋鸡的饲养管理

鸡群从开始产蛋到淘汰的时期称产蛋期，通常是指 21～72 周龄。产蛋鸡对营养物质利用率不同，开产后体重仍在增加，生殖系统尚在发育，且富有神经质，到了产蛋后期存在换羽现象。产蛋期的重要任务是尽可能减少或消除不利于产蛋的因素，营造一个有利于蛋鸡健康和产蛋的饲养环境，使鸡群最大程度发挥生产性能。

一、产蛋曲线应用与分析

母鸡产蛋具有规律，就年龄而言，第一年产蛋高，第二年第三年每年递减 15%～20%。就一个产蛋年来讲，产蛋随周龄的增长呈“低—高—低”的产蛋曲线。根据实际产蛋曲线和标准产蛋曲线进行比较，可以衡量鸡群产蛋性能是否正常，预测下一步产蛋表现，分析引起产蛋异常的可能原因，及时纠正各项饲养管理措施，挖掘鸡群产蛋潜力。

视频：产蛋鸡的产蛋规律

二、产蛋鸡的饲养

生产性能突出的蛋鸡，采食的饲料约是它体重的 20 倍，500 日龄入舍母鸡总产蛋量约 20 千克，大概是它体重的 10 倍，产蛋期内体重增加 30%～40%。所以，在产蛋期内应充分满足蛋鸡营养需要，保持鸡群健康，充分发挥其产蛋潜力。

1. 满足产蛋鸡的营养需要

（1）能量需要　产蛋鸡对能量的需要有维持需要、体重增长的需要及产蛋的需要。产蛋鸡对能量需要约 2/3 用于维持需要，1/3 用于产蛋。影响能量维持需要的因素包括鸡的体重，活动量，环境温度的高低等。体重越大，活动越多维持需要的能量就越多，产蛋水平越高生产需要越大，鸡每日从饲料中获取的能量要先满足维持的需要，再满足产蛋需要。

（2）蛋白质需要　蛋白质需要有维持、产蛋和体组织，羽毛的生长这三部分，与它产蛋率和蛋重有重要的正比关系，大概有 2/3 用于产蛋，1/3 用于维持需要。蛋白质的需要实际上是指对必需氨基酸的种类及数量的需要，也就是氨基酸是否达到平衡。产蛋鸡对蛋白质的需要不但考虑数量和种类，还要保证质量。

（3）矿物质需要　产蛋期最容易缺乏的是钙和磷。产蛋鸡对钙需要非常多，然而饲料中钙的利用率约 50.8%，一只重 57.6 克的鸡蛋，它蛋壳重约 5.18 克，其中钙含量约 2.02 克，需要的饲料钙约 3.98 克，假设年平均产蛋率是 70%，那么平均需供给钙约 2.79 克，再算上维持需要的钙和蛋内容物中的钙，日需要钙约 3 克，所以饲料中钙含量需要达到 3.25%～3.5%。骨骼是钙的贮存场所，但鸡体积小，因此钙的贮存量不多，当饲料中钙不足时，就要动用贮存的钙维持正常生产，当鸡体长时间缺钙时，就会产软壳蛋，甚至停产。

产蛋鸡有效磷的需要量在 0.3%～0.33%，以总磷计约是 0.6%，那么总磷的 30%一定要来自无机磷，以确保磷的有效性。其次，饲料中应有适量的钠、氯，通常在饲料中添加 0.3%～0.4%的食盐就能满足需要。

产蛋鸡还需在饲料中补充足够的微量元素及多种维生素。实际配制鸡的饲料时应结合季节、周龄、产蛋水平、饲料原料价格等因素综合考虑，使用配方软件程序挑出最低成本配方。

2. 科学的产蛋鸡饲养方法

（1）阶段饲养法　依据鸡的周龄和产蛋水平，我们把产蛋期划分为几个阶段，不同阶段要用不同的营养水平进行饲喂，特别是蛋白质和钙的水平，这种饲养方法称作阶段饲养法，较为合理的划分法是三段法。使用三段饲养法，产蛋率上升快，产蛋高峰出现早、持续时间长，并且产蛋量多。

第一阶段是21～40周龄，此阶段产蛋率快速上升到高峰并且在高峰期维持，蛋重不断增加，此时鸡的体重还在增加。为保证鸡的生长和产蛋需要，饲料营养含量要高，自由采食，加强匀料而使鸡多采食。这一时期鸡的营养水平和采食量对产蛋率上升的速度和产蛋高峰维持期的长短起着决定性作用。

第二阶段为41～60周龄，此阶段鸡的产蛋率缓缓下降，但是蛋重仍在增加，鸡的生长发育已经停止，脂肪沉积开始增多。此时在饲料营养物质供应上，一方面抑制产蛋率下降，另一方面防止机体过多地累积脂肪。通常在不限制采食量的情况下适当降低饲料的能量浓度。

第三阶段为61～72周龄，此阶段产蛋率下降速度增快，体内脂肪沉积明显增多，饲养上不仅降低饲料能量还要对鸡进行限制饲喂，以避免鸡只过肥而使产蛋下降。母鸡淘汰前一个月可以在饲料中适当增加玉米含量，以提高淘汰体重。

（2）调整饲养法　依据环境条件及鸡群状况的变化，及时调整饲料中主要营养成分的含量，以达到满足鸡的生理和产蛋需要的饲养方法称为调整饲养法。调整饲养一定要以饲养标准为基础，保证饲料配方的相对稳定且营养均衡。在产蛋率上升时，提高饲料的营养水平要走在产蛋量上升之前；当产蛋率下降时，降低饲料的营养水平应在产蛋量下降的之后。即产蛋上高峰时要“促”，下高峰时要“保”。

（3）限制饲养法　在产蛋期实行限制饲养，使鸡保持适宜的体重，以免母鸡腹部脂肪沉积过多而影响产蛋，提高饲料利用率、降低饲料成本。限制饲喂与自由采食相比，蛋重略轻，但是每只鸡的综合收入比自由采食收入多，限制饲喂还是合算的。具体方法如下：在产蛋高峰过后的2周，把每只鸡的日喂料量减少2.27克，持续3～4天，产蛋率要是无异常下降，就继续维持这一个喂料量。这种方法也称为试探性减料法。每当产蛋率下降4%～5%时就试探一次，只要产蛋率下降正常，这一方法可以一直使用下去，如果产蛋率下降幅度较大，就需要把喂料量恢复到前一个水平。在鸡群受到应激刺激或气候异常变化时，不要减少给料量。

3. 做好饲喂与饮水工作

褐壳蛋鸡产蛋高峰期喂料通常为120～130克，白壳蛋鸡为110～120克。饲喂应掌握以下原则：①合理搭配各种饲料原料，提高饲料的适口性；②分次饲喂，经常匀料；③饲料破碎的粒度大小适中，玉米、豆粕等通常使用5毫米筛片粉碎；④可以适量添加油脂或湿状微生物发酵饲料，减少料槽中剩余的粉末。

鸡的饮水量通常是采食量的2.0～2.5倍，正常情况下每只鸡每天饮水量是200～300毫升。饮水不足会导致产蛋率急剧下降。在产蛋和熄灯之前各有一饮水高峰，特别是熄灯之前的饮水与喂料不要被忽视。每天清洗水槽，如使用乳头饮水器应每周用高压水枪冲洗1次。

三、产蛋鸡的管理

1. 提供适宜的环境条件

（1）温度　温度会影响鸡的生长、产蛋、蛋重、蛋壳品质及饲料转化率等，产蛋鸡适宜的生产温度范围在13～25℃，最佳温度范围在18～23℃，冬季不应低于8℃，夏季不宜超过30℃。在较高环境温度下，如温度在25℃时，产蛋的蛋重就开始降低；达27℃时，产蛋数和蛋重降低，蛋壳厚度迅速变薄，并且死亡率增加；达到37.5℃时，产蛋量就急剧下降。温度范围是20～30℃时，每提高1℃，鸡采食量下降1.0%～1.5%；温度达到32～38℃，每提高1℃，鸡采食量下降5%。相对来说鸡比较耐寒，在低温时鸡采食量会增加，一般在5～10℃时采食量最高，在0℃以下时采食也会减少，造成体重减轻，产蛋下降。所以，在寒冷的冬季，在温度降到5℃以下时，需要采取保暖措施来减少冷应激，避免不必要的经济损失。生产中应尽量将环境温度控制在8～24℃，舍内温度要保持平稳，避免突然变化，忽高忽低和有“贼风”侵入。鸡舍冬季应注意保温，夏季要防暑降温。

（2）湿度　湿度对蛋鸡的影响往往是与温度共同起作用的。当温度适宜时，湿度对鸡的健康和产蛋性能无明显影响，在高温或低温情况下，才有较大的影响。例如当高温高湿时，机体蒸发散热困难，鸡体内积热，导致采食减少，饮水增加，不愿活动，产蛋性能大大下降，鸡难以耐受、严重时会出现中暑死亡。当高温高湿时，引起环境中微生物滋生繁殖，导致鸡群发病。当高温低湿时，机体蒸发散热较顺畅，尤其在气流加大时，还能减缓高温对鸡的不利影响。当低温高湿时，机体失热过多，鸡只采食增加，饲料消耗量增多，由于严寒，导致鸡生产性能下降，甚至引起冻伤。可见，高温高湿和低温高湿，对蛋鸡的健康和产蛋是非常不利的。一般来说，蛋鸡适宜的相对湿度为60%～65%。如果温度适宜，相对湿度范围可适当放宽至50%～70%。当舍内相对湿度低于40%时，鸡只羽毛凌乱，皮肤干燥，而且空气中的尘埃还会诱发呼吸道疾病。当相对湿度高于72%，鸡只羽毛粘连，关节炎病也会增多。

（3）通风　通风换气是调节鸡舍空气状况最直接、最有效的手段，它可以及时排出舍内污浊气体，保持舍内的空气新鲜及一定的气流速度，还能在一定程度上调节温度、湿度。通常舍内气温高于舍外，通风可以排出余热，换进较低温度的空气。鸡舍内，空气中氨气的浓度要低于0.02毫升/升，二氧化碳的允许浓度为0.15%。规模化鸡场通常采用纵向负压通风系统，结合横向通风可获得良好效果。

（4）光照　合理的光照时间对提高鸡的生产性能起着很大作用，在保证正常采食饮水和活动外，还能增强生殖机能，促进产蛋。产蛋期光照时间原则是每天只能延长，不能缩短，但是光照时间又不能过长、强度过强，鸡兴奋不安，诱发啄癖，甚至会脱肛；光照强度过弱、时间过短，又不能达到光照的目的。通常产蛋鸡的适宜光照强度为10～20勒克斯，每15平方米的鸡舍面积，悬挂一个40瓦的加罩普通灯泡，高度为1.8～2.0米，其光照强度大约相当于10勒克斯，光照时间达到每天16小时为宜。人工补充光照开灯时间要稳定，忽早忽晚地开、关灯都可引起部分母鸡的停产或换羽。有条件鸡场光照控制使用定时器，采取早晚两头补光的方法为宜，光照强度使用调压变压器控制，并且经常擦拭灯泡，保证其亮度。密闭式鸡舍内40周龄后的产蛋鸡群可以采取间歇光照方案来提高饲料利用率。

（5）饲养密度　产蛋期的饲养密度因鸡的品种、饲养方式而异。地面平养时，白壳蛋鸡8只/平方米，褐壳蛋鸡6只/平方米。网上平养时，白壳蛋鸡12只/平方米，褐壳蛋鸡10只/平方米。笼养时应根据所购买的鸡笼类型，按照每个小笼的容量放鸡，白壳蛋鸡每只占笼底面积为380平方厘米，褐壳蛋鸡每只占笼底面积为465平方厘米。

2. 防止啄癖

啄癖在规模化鸡生产中较为常见，平养和笼养都可发生。啄癖主要表现为啄羽、啄肛、啄趾和啄蛋。通常啄癖是从少数鸡开始，如果不及时采取措施，就会迅速扩大到全群。

3. 防止产蛋突然下降

引起鸡群产蛋突然下降的因素有很多，归纳总结包括饲料营养不均衡、环境不良、管理不善及疾病的原因。

4. 及时淘汰低产鸡和停产鸡

在产蛋过程中不可避免有鸡因啄癖、体弱、疾病、伤残而停止产蛋，这些没有饲养价值的鸡要及时淘汰，降低饲养成本。蛋鸡开产后应随时根据鸡的外貌特征，鉴别低产鸡和停产鸡，对于冠白、冠萎缩、精神不佳、耻骨间距特别小的鸡不再留养。

5. 加强日常管理

按时开关灯、严格执行光照计划；定时喂料、供足饮水；勤拣蛋；改善鸡舍环境条件，尽量减少应激因素；搞好环境卫生消毒及疾病净化；细心观察鸡群；做好生产记录，检查各项生产指标。

6. 减少饲料浪费

饲料成本约占养鸡总成本的70%，减少饲料浪费是提高鸡场效益的主要措施。养鸡场的饲料浪费量占全年消耗量的3%～8%，有时高达10%以上。为了减少饲料浪费应做到以下几点：

(1) 合理使用饲喂设备　使用乳头饮水器可降低饲料浪费。在使用水槽时，槽中水位不能过高，特别在喂干粉料时，鸡喙上所沾的饲料会留到水槽中而造成浪费，同时还会污染饮水。选择大小适中的料桶，其高度以高出鸡背2厘米为宜。笼养时因料槽侧板上有一定宽度的檐，所以浪费较少。

(2) 喂料量　一次加料过多是造成饲料浪费的主要原因。料槽的加料量不应多于1/3，料筒应不超过1/2。

(3) 饲料颗粒度　蛋鸡生产中主要使用粉料，应注意饲料不宜过细或过粗。过细适口性差，易飞散；过粗，鸡易择食，采食不均匀，导致营养不平衡。颗粒度以5毫米为宜。

(4) 断喙　断喙不仅可以避免“啄喙”，而且能有效地减少饲料浪费。

(5) 灭鼠及防止其他野鸟的危害　一只老鼠每年可吃掉9～11千克饲料，而且还会传播疾病，所以，一定要定期捕杀老鼠。鸡舍窗户还应安装防雀网，这样不仅可减少麻雀等野鸟入舍采食饲料，也可减少疾病传播风险。

(6) 注意贮存饲料　饲料保存应该避光防潮，防止因吸潮而导致发霉变质、维生素失效，最好不要一次购入过多饲料。

(7) 选用性价比高的饲料　饲料中添加酶制剂、枯草芽孢杆菌和使用微生物发酵饲料可提高饲料利用率，提高生产效益。

(8) 注意环境温度　冬季室温低时鸡采食量增多，应注意防寒保暖工作。冬季供给温水，也能降低饲料消耗。

7. 产蛋鸡饲养效果评价指标

① 体质健康，不过肥，死淘率低，产蛋期年死淘率控制在5%～10%。

② 高产、稳产。蛋鸡适时开产，产蛋后到高峰期产蛋上升快，高峰期维持时间长，产蛋率90%以上维持4～6个月，下降平缓，每周下降速率平均在

0.5%左右，不超过1.0%。

③ 蛋重相差一般为2%～3%。

④ 蛋品质良好，蛋壳质量好，颜色符合品种特征。

⑤ 饲料转化率高，料蛋比平均在（2.1～2.3）：1。

四、鸡蛋的收集与运输

1. 蛋鸡场集蛋要求

（1）集蛋前准备工作　集蛋箱和蛋托每次使用前要进行消毒；工作人员集蛋前须洗手消毒；存蛋室内保持干净卫生，定期使用福尔马林熏蒸消毒。

（2）集蛋时间　商品蛋鸡场每天应捡蛋3次，每天11：00、14：00、18：00捡蛋。捡蛋后应该及时清点蛋数并送往蛋库，不能在舍内过夜。

（3）集蛋要求　集蛋时将破蛋、软蛋、特大蛋、特小蛋单独存放，不作为鲜蛋销售，可用于蛋品加工；双黄蛋在市场上往往以较高的价格销售，可以作为专门的特色鸡蛋出售；蛋壳表面沾染有较多粪便的鸡蛋要单独处理后再及时出售或者食用。鸡蛋收集后立即使用福尔马林熏蒸消毒，消毒后送往蛋库保存。要求蛋壳清洁、无破损，蛋壳表面光滑、有光泽，蛋形正常，蛋壳颜色符合品种特征。

（4）蛋品质观察　捡蛋的同时应注意观察产蛋量、蛋壳颜色、蛋壳质地、蛋的形状和重量与以往有无明显变化。产蛋初期产蛋率上升快、蛋重增加较快，在产蛋高峰期如果产蛋率明显下降、蛋壳颜色变浅等问题出现则属于非正常现象，常常是由于鸡群健康问题或饲料质量问题、生产管理问题造成的，要及时解决。

（5）鲜鸡蛋分级　中华人民共和国国内贸易行业标准（SB/T 10638—2011）中规定了鲜鸡蛋、鲜鸭蛋分级标准。

2. 鲜蛋的包装与运输

（1）鲜蛋的包装　鲜蛋销售中包装形式有两种：一种为直接运至销售地，散装销售，另一种为带包装箱销售。无论哪一种包装形式，都要求包装物具有一定的防震作用。包装要干净卫生，不能污染禽蛋。依据是否便于销售、消费和包装成本等来合理地确定包装的材料与大小。

① 直接销售情况。可以使用塑料蛋筐或蛋盘，将鲜蛋直接码放在蛋筐中。为方便搬动，一个包装单位的重量不要超过40千克。蛋筐或蛋盘每次使用前要进行消毒处理。此方法适用于运输距离较近的情况。

② 用聚乙烯或聚苯乙烯塑料盒包装。此包装的鲜蛋已开始在大城市出现，

其有利于在超市销售，具有重量、厂家、生产日期等信息明确的优势，有助于品牌的树立和防止假冒，促进功能性蛋制品（如高碘蛋、高锌蛋等）的开发。也有用分格的纸盒包装，1 排 6 枚，2 排共 12 枚，外层再包裹一层聚乙烯塑料薄膜，使内容物清晰可见。

③ 专用纸箱。根据产品特点，设计制作外观精美的包装箱，内加纸制（或塑料）蛋托，每枚蛋以大头向上放置在蛋箱内。蛋箱上要印有醒目名称、产品标志、生产厂家等基本信息。最好配有注册商标，以品牌形式销售。这种包装多用在一些特殊蛋品（如土鸡蛋、绿壳蛋等）销售中，在超市或大型农贸市场销售。

④ 出口鲜蛋多用硬纸箱包装，按等级规格化。

（2）鲜蛋运输　根据销售数量准备运输车辆，要求运输车辆大小合适。每次收蛋应提前联系好货源，确保在最短时间内装满车，以减少运输成本。运输过程中要选择最近且平稳的运行路线，运输过程避免剧烈振荡，减少蛋的破损。在夏季运输时，要有遮阳和防雨设备；冬季运输应注意保温，以防受冻。长距离运输最好空运，有条件最好用空调车，温度为 12～16 度，相对湿度 75％～80％。

鲜蛋保质期短，且多数蛋品出厂时未进行处理，要注意鲜蛋的保质期。

五、提高蛋鸡场经济效益的措施

提高蛋鸡场的经济效益，是所有养鸡人的追求。大体主要有 7 点：加强经营管理；选择优良品种；饲喂全价配合饲料；加强饲养管理，减少饲料浪费；严格卫生防疫制度；选择合理的饲养方式；充分利用鸡舍，加快周转。

第五节　蛋种鸡的饲养管理

蛋种鸡生产的目的是获得受精率和孵化率高的合格种蛋，通过孵化提供更多的健康母雏。而种鸡所产母雏的数量和质量，与种鸡各阶段的饲养管理及鸡群疾病净化程度直接相关。

一、后备种鸡的饲养管理

蛋用种鸡与商品蛋鸡育雏、育成饲养方法基本相同。本节重点列述与前二者饲养管理不同之处。

1. 饲养方式和饲养密度

（1）饲养方式　在生产实际中，为了便于防疫和管理，种鸡多采用网上平养和笼养。笼具多为叠式育雏笼和阶梯式育成笼，育雏批次较少的鸡场可直接使用育雏育成一体笼。实行公母分栏饲养。

（2）饲养密度　种鸡的饲养密度要比商品蛋鸡小。适宜的饲养密度有利于鸡的生长发育，也有利于提高鸡只的成活率和均匀度。随着日龄的增加，饲养密度也要相应降低，在断喙、免疫接种的同时，调整饲养密度并且实行强弱分群、大小分群饲养。

2. 环境控制

为了培育优良健壮的后备种鸡，除了要按商品鸡的标准控制温度、湿度、通风外，更应该加强卫生消毒工作。进雏或转群前，一定要将鸡舍进行彻底消毒，有条件的鸡场，要做消毒效果的监测工作，不具备监测条件的，至少要消毒3次以上，力求彻底，舍外环境也要定期坚持消毒，特别在春秋季节。从育雏的第2天开始，就要进行带鸡消毒，一般雏鸡要求隔日1次或者每周2次，育成阶段每周1次，价值较高的种鸡要求更为严格。带鸡消毒需要轮换使用不同种类的消毒剂，选择无刺激、无腐蚀的消毒剂为宜。

3. 光照管理

对种鸡采用合理地控制光照，以控制其体重和性成熟。在育雏的前3天内，要求连续24小时光照，以保证雏鸡开食饮水和熟悉环境，以后要根据鸡舍类型、季节等，制定光照计划。

4. 调控体型，提高均匀度

调控体型必须测定跖长，辅助称重。体重是在整个育成期逐渐增长的，直到产蛋期36周龄时达到最高值。骨骼在最初的10周内快速发育，到20周时全部骨骼发育完成，前期发育快，后期发育慢。所以，要保证青年鸡在17周龄时完成骨架发育的90%。如果营养或管理等配合不当，为了达到体重标准就一定会出现带有过量脂肪的小骨架鸡（小肥鸡），将来的产蛋性能会明显达不到应有的标准。因此在育雏期，跖长标准比体重标准更重要，在育雏期所追求的主要目标应该是跖长的达标。若到8周龄时跖长低于标准，可以暂不更换育成料，直到跖长达标后再换料。

育成期通过合理的饲料配方及限制饲养技术的运用，注意体重控制和抽检，加强疾病防疫，将均匀度提高到80%以上。

二、产蛋期蛋种母鸡的饲养管理

1. 饲养方式和饲养密度

产蛋期的蛋种鸡饲养方式主要为地面散养、网上平养和笼养 3 种方式，在我国以种鸡笼养为主，多采用阶梯式笼养，母鸡饲养在产蛋笼中，公鸡进行单笼个体饲养，这样有利于人工授精操作。劳动力成本较高的地区可以采用四层叠式产蛋种鸡笼养，每笼可饲养 80 只母鸡，8～9 只公鸡，进行自由交配。种蛋从斜面底网滚出到笼外的集蛋处，不用配备产蛋箱。

2. 控制开产日龄

如果种鸡开产过早，前期蛋重小，而且小于 50 克的蛋不能做种用，同时开产早停产也早，必然影响种蛋数量。因此，一定控制种鸡开产日龄，通常要求种鸡的开产日龄比商品蛋鸡晚 1～2 周。在开产前期，光照增加时间也比蛋鸡延迟 2～3 周。这样可以使种鸡体型得到充分发育，取得较大的开产蛋重，提高种鸡的合格率。

3. 适时转群

因为蛋种鸡比商品鸡通常迟开产 1～2 周，所以，转群时间也比商品蛋鸡推后 1～2 周。但是，如若蛋种鸡是网上平养，则应提前 1～2 周转群，这样做的目的是让育成母鸡对产蛋环境有认识及熟悉的过程，以减少窝外蛋、脏蛋、踩破蛋等现象，进而提高种蛋的合格率。

4. 合理的公母比例

在大群自由交配状条件下，公母比例应该为：轻型蛋种 1∶12～15，中型蛋种鸡 1∶10～12。在人工授精条件下，公母鸡分笼饲养，留养比例应为 1∶20～30，实际使用比例为 1∶35～40。

种鸡场要获得较好的种蛋受精率和降低饲养成本，可多饲养一些公鸡，按照合理的公母比例实行轮流配种或者对换公鸡。为避免啄斗、打架，同群公鸡要全部换或撤走，不能互相掺入。

5. 种鸡的公母合群与配种的适宜时机

在平养条件下，前 2 周公母分群饲养较好，从 3 周龄开始，可根据鸡舍条件和鸡群的整齐度来确定混养时间，但混群时间最晚不能超过 18 周龄，要保证在开产前公母鸡相互熟悉，公鸡建立群体位次。

公母合群最好在晚上进行，可以减少鸡群应激。并且要将公鸡均匀放入舍内。最好先将公鸡用铁丝网隔开，单独饲养 1～2 周，等待相互熟悉后再混入母鸡群中。

6. 种蛋的收集与消毒

种蛋要按时收集，每次所拣种蛋及时熏蒸消毒后（每栋鸡舍一端应设有暂时储蛋场所，并设有小批量种蛋熏蒸消毒柜，方便将种蛋及时消毒处理），再上交到种蛋库。集蛋时要将脏蛋、特小蛋或特大蛋、畸形蛋、破蛋剔除，可减少日后再进行挑选时的人工污染机会。

7. 检疫与疾病净化

种鸡群要对一些可以通过种蛋垂直传播的疾病进行检疫和净化工作，如鸡白痢、白血病、支原体等，都能通过种蛋把疾病传染给后代。通过检疫淘汰阳性个体，留下阴性的鸡作种用，就可以大大提高种源的质量。很多鸡场在做净化的同时，还不饲喂动物性饲料如鱼粉、肉骨粉等办法，效果显著。

三、种公鸡的饲养管理

（一）种公鸡的选择与培育

1. 小公鸡的选择

小公鸡的选择通常要进行多次，最终达到既符合品种特征又具有良好繁殖力的目的。

（1）第一次选择　6～8周龄时选留个体发育良好，冠髯大且鲜红者。淘汰外貌有缺陷的，如胸、腿、喙弯曲，嗉囊大且下垂，胸部有囊肿者。体重过轻和雌雄鉴别有误的公鸡亦应淘汰。选留比例为笼养公母是1∶10，自然交配公母是1∶8。

（2）第二次选择　在母鸡转群时进行，通常在7～18周龄时开始选留体型、体重符合标准，外貌符合本品种要求的公鸡。实行人工授精的公鸡，除上述要求外，还要选择性反射功能良好的公鸡。笼养公母比例为1∶15～20，自然交配公母比例为1∶9。

（3）第三次选择　在21～22周龄依据精液品质选择，选择精液颜色为乳白色、精液量多、精子密度大、活力强的公鸡。公鸡的按摩采精反应有90%以上是优秀和良好的，约10%左右则为反应差、排精量少或者不排精的公鸡。全年实行人工授精的种鸡场，笼养公母比例是1∶25～30，自然交配公母比例是1∶10～12，多余的一些后备公鸡可作补充。

2. 种公鸡的培育

从雏鸡开始，公、母鸡实施分饲。平养与笼养都可，如有条件，饲养密度小一些为宜，以锻炼公鸡的体质。在 17 周龄以前应该严格按照各品系的鸡种指标进行饲养管理，如称量体重、测量跖长、调整均匀度等。光照方案可参照种母鸡的进行。到 17～18 周龄时转入单体笼内饲养（人工授精），光照时间也以每周增加 0.5 小时的幅度递增，直到 16 小时后保持恒定。

视频：公鸡采精

视频：精液品质检查

视频：母鸡输精

后备种鸡营养水平是代谢能为 11～12 兆焦耳/千克，育雏期粗蛋白质为 18%～19%，钙 1.1%，有效磷 0.45%；育成期粗蛋白质为 12%～14%，钙 1.0%，有效磷 0.45%。

人工授精的公鸡要断喙，以降低育雏、育成期的伤亡。平养自然交配的公鸡不能断喙，但是要断趾，避免自然配种时抓伤母鸡。断趾是断掉内趾和后趾第一关节。

因为种公鸡的冠较大，影响视线，运动、饮食和配种，也容易受伤。所以，种公鸡应进行剪冠。此外，在引种时，为了方便区别公母鸡也要剪冠。剪冠的方法有以下两种：一是出壳后通过雌雄鉴别，用手术刀剪去公雏的冠。要注意不可太靠近冠基，以免出血过多，影响发育和成活。二是在南方的炎热地区，只需把冠齿截除即可，避免影响散热。2 月龄以上的公鸡剪冠后，不容易止血，也会影响生长发育，所以剪冠应在 2 月龄以前进行。

引种时，各亲本雏出雏时都需佩戴翅号，长大后容易区别，特别是白羽蛋鸡，如若混杂了，后代就无法自别雌雄了。

3. 繁殖期种公鸡的饲养管理

在生产实际中，应让公鸡单独采食，当平养时，为了不让母鸡采食公鸡饲料，可以将料桶吊高，让母鸡吃不到。

（1）能量与蛋白质的需要量　种公鸡的营养水平要比母鸡低。代谢能为 10.80～12.13 兆焦耳/千克，粗蛋白质为 12%～14%的日粮最为适宜，氨基酸必须均衡，不要使用动物性蛋白质饲料。

（2）维生素的需要量　使用高品质和足量添加维生素如维生素 A、维生素 E 等对提高种公鸡精液品质非常有利。

（3）温度和光照　成年鸡在 20～25℃温度条件，可产生理想的精液品质。

温度高于30℃会暂时抑制精子的产生；而当温度低于5℃时，公鸡的性活动降低。光照时间在12～14小时，公鸡可产生优质精液，若是少于9小时光照，则精液品质明显下降。光照度在10勒克斯就能维持公鸡的正常生理活动。

（4）单笼饲养　为了避免应激如群养时公鸡的相互打斗、爬跨等行为，影响精液数量和品质，繁殖期人工授精的公鸡应单笼饲养。

（5）体重检查　为了保证整个繁殖期公鸡的健康和确保优质的精液品质，应每月检查一次体重，凡是体重降低100克以上的公鸡，应暂停采精，或者延长采精间隔，并另行饲养，以便公鸡尽快恢复体质。

四、鸡的强制换羽技术

换羽是禽类的一种自然生理现象。自然换羽历时长达3～4个月，而且换羽后产蛋恢复缓慢。通常来说，鸡群中的低产鸡换羽早、停产早。而高产蛋鸡换羽晚，并且边换羽边产蛋，无明显停产期。人工强制换羽其实就是实行停水、停料、停光等人为的强制性手段，造成鸡突然应激，导致鸡新陈代谢紊乱，营养供给不足，让鸡迅速换羽并迅速恢复产蛋的措施。人工强制换羽从开始到恢复产蛋一般只需30～40天。

1. 人工强制换羽的应用

目前我国养鸡生产中大多在以下情况时使用：

（1）作为鸡苗缺乏时的补救措施

① 鸡苗供应紧张时，没有后备鸡更新鸡群。

② 因为育雏、育成效果不佳，打乱了正常的周转计划。

③ 虽然育雏、育成效果较好，但在产蛋高峰期遇到较大应激，产蛋量大幅度下降，未能充分发挥产蛋的遗传潜力。强制换羽后终止第一产蛋年，第二产蛋年能够获得较高的产蛋率，来弥补损失。

（2）作为赢利措施　当养鸡赢利甚微时，高产鸡群在产蛋率降低到一定程度，收入不抵支出时，可进行强制换羽，延长蛋鸡产蛋寿命。

2. 人工强制换羽的方法

（1）化学法　在饲料中添加氧化锌或者硫酸锌，锌的含量占饲料的2.0%～2.5%。400日龄以上的鸡群连续供给、自由采食7天，第8天开始喂正常产蛋鸡饲料，第10天就全部停产，3周以后即开始重新产蛋。

160～280日龄的开产时间不长的鸡群，喂给高锌饲料5天即可，第6天换成正常育成期饲料，见蛋后逐渐换成高峰饲料。饲喂高锌日粮强制换羽，鸡群一般在采取措施后 5～7 天停产，约 1 个月恢复产蛋，第 5 周产蛋率可恢复到 50%。换羽结束后鸡的体重减轻 25%以上。

（2）畜牧学法　又称饥饿法、绝食法 400 日龄以上的鸡群，停料时间以鸡体重下降 25%～30%为宜。一般经过 9～16 天。对于 160～280 日龄的开产时间不长的鸡群，停料时间适当缩短。以连续绝食法（快速换羽）应用较多，能使鸡群迅速停产，体重减轻快，脱羽快而安全，恢复产蛋快，产蛋性能较高。

3. 强制换羽的主要技术指标

（1）绝食时间　直接取决于体重减轻程度，蛋鸡通常为 8～12 天。

（2）停产时间　尽早停产可使鸡有一段较长的体力和机能恢复过程，通常要求实施措施 1 周内，使鸡群产蛋率下降到 1%以下。

（3）失重率　这是决定强制换羽效果的一个核心指标，要求失重率达到 27%～32%，低于 25%效果不好，超过 32%则死亡率增大。

（4）死亡率　从强制换羽开始到产蛋率重新上升到 50%，这段时间死亡率一般为 3%～4%，最高不超过 5%。绝食期间死亡率不超过 3%是强制换羽成功的标准之一。

（5）重新开产的时间　当恢复供料后应 18 天左右鸡群见第一个蛋，40～45 天产蛋率达到 50%。

4. 强制换羽期间的饲养管理

（1）强制换羽期间的饲养　体重下降 25%～30%时开始喂料。喂料必须遵守循序渐进的原则，先喂育成料，逐渐增加喂料量到 90 克后自由采食，至产蛋率达 1%～5%时改换为自由采食产蛋鸡料。饲料需添加多种维生素，提高鸡群体质。

（2）强制换羽期间的管理

① 严格挑选。强制换羽，首先把病、残、弱和低产鸡淘汰，而肉眼看不出来有病的鸡，往往无法耐受换羽的应激，也会死掉。所以，一些育种公司往往把种鸡地强制换羽，作为鸡群的白血病、鸡白痢、支原体等疾病净化的措施。

② 选择换羽时间。要综合考虑经济因素、鸡群状况和气候条件。炎热和严寒季节强制换羽，会影响换羽效果。通常选在春季、秋季鸡群开始自然换羽时进行强制换羽，效果最好。强制换羽开始初期，鸡不会马上停产，往往出现软壳或破壳蛋，应在食槽中添加贝壳粉；平养的鸡饥饿要防止其啄食垫草、砂土、羽毛等；保证有充足的采食面让所有的鸡能同时吃到饲料。

③ 定期称重。固定称测鸡只的体重，经常了解失重率，确定实施期的结束时间。一般在强制换羽开始后，1 周称一次体重，之后可每两天称重一次，在预计的实施期结束前几天，最好每天称重一次，以确定最佳的实施期结束日期。

④ 密切观察鸡群。换羽期注意鸡群的死亡率，通常来讲，第一周死亡率不能超过 1%，前 5 周不能超过 2.5%，8 周死亡率不能超过 3%，必要时可调整方案甚至终止方案。

⑤ 不能连续换羽和给公鸡换羽。在强制换羽前挑出已换和正在换羽的鸡，单独饲养，避免造成死亡。换羽不适宜公鸡，因为公鸡的换羽会影响精液品质，建议更换年轻种公鸡，提高受精率。

⑥ 提前做好免疫和驱虫。换羽前一个月，应对鸡群进行一次新城疫、传染性支气管炎和禽流感免疫接种，集中投 1～2 个疗程驱虫药，全部完成后再停料换羽。

视频：提高蛋鸡场经济效益的措施

⑦ 合理光照。开始实施强制换羽同时，必须减少光照时间，把光照时间控制在 8 小时/天。恢复期光照时间也要采用逐渐增加的方法。通常是在强制换羽第 30 天后，每周光照增加 1～2 小时直至每天 16 小时后恒定。密闭鸡舍可每周增加 2 小时，直至每天 16 小时后恒定。

第二章
肉鸡生产

第一节　肉鸡品种的选择

一、肉鸡标准品种

（一）概念

肉鸡的标准品种是指20世纪50年代前，经过有计划、有组织的系统选育，并按照育种组织制定的标准，经过鉴定予以承认的品种，或凡是列入《美国家禽志》和《不列颠畜禽品种志》的肉鸡品种。标准品种特点是生产性能较高，体型外貌一致，遗传性状稳定，并且具有相当的数量。

（二）肉鸡标准品种介绍

1. 科尼什鸡

（1）产地与分布　原产自英国康瓦尔，是世界有名的大型肉用品种，是由几个斗鸡品种和英国鸡杂交而成。因其含有亚洲的科尼什（Cornish）斗鸡血统而命名。

（2）外貌特征　现在科尼什鸡分为红色羽和白色羽两种，以白科尼什较为出名。白色羽是显性白羽，它是典型的快速肉用型鸡，在配套系中作父系使用，即为父母代鸡的公鸡。该品种是豆冠，喙、胫、皮肤呈黄色，羽毛紧密，体质较坚实，肩、胸很宽，胸肌、腿肌发达，胫、爪和腿部粗壮。

（3）生产性能　成年公鸡体重为4.5～5.0千克，母鸡为3.5～4.0千克。开产时间在8～9月龄，年产蛋为100～120枚，蛋重为54～57克，蛋壳呈浅褐色。该品种特点是生长速度快，8周龄体重可达1.75千克以上。

2. 白洛克鸡

（1）产地与分布　原产自美国，原是兼用型品种。在20世纪三四十年代，因为肉仔鸡产业的需要，将其培育成肉用型。

（2）外貌特征　该品种是单冠，冠、肉垂与耳叶均呈红色，喙、胫和皮肤均呈黄色，全身覆白羽。

（3）生产性能　成年公鸡体重为4.0～4.5千克，母鸡体重为3.0～3.5千克。开产时间在7～8月龄，年产蛋为150～160枚，蛋重约60克，蛋壳呈褐色。该品种早期生长速度较快，胸肌、腿肌发达，在肉鸡配套杂交作母系使用，商品肉鸡增重快，肉料比为1∶(2.0～2.5)，8～10周龄体重达到1.5～2.5千克，是较为理想的肉鸡品种。

3. 浅花苏赛斯鸡

（1）产地与分布　属于肉蛋兼用型品种，原产自英国英格兰苏赛斯。

（2）外貌特征　根据羽色不同，其分为斑点、红色和浅花3个变种，我国仅引进浅花变种。浅花苏赛斯鸡的体躯羽毛呈白色，但是公母鸡的颈羽、公鸡的蓑羽及镰羽、母鸡的鞍羽和尾羽呈黑色或镶白边羽，公母鸡的主翼羽、主尾羽呈黑色。其体躯长、深而宽，胫较短，尾平而不高翘。单冠，中等大小。冠、肉髯、耳叶均呈红色，胫、趾、皮肤呈白色。

（3）生产性能　肉用性能较好，易育肥，肉多且质美。成年公鸡平均体重为4.0千克，母鸡为3.2千克。母鸡平均年产蛋约150枚，平均蛋重为56克，蛋壳呈浅褐色。

二、肉鸡地方品种

（一）概念

肉鸡地方品种是指没有明确的育种目标，没有经过有计划的系统选育的品种。通常生产性能较低，体型外貌不太一致，群体数量不太大，但是生命力强，耐粗饲。我国地方肉鸡的口感是肉质鲜美、皮脆骨细、鸡味香浓。

（二）肉鸡地方品种介绍

1. 北京油鸡

（1）产地与分布　主产自北京市郊区。

（2）外貌特征　有冠羽（凤头）和胫羽，少数有趾羽，有的有髯须，称为三羽（凤头、毛脚和胡须），通常鸡冠倒伏，呈秒形。体躯宽广，头高颈昂，体深背宽，羽毛蓬松，尾羽高翘。肉质细嫩，肉味鲜美。

（3）生产性能　成年公鸡平均体重为 1.5 千克，母鸡为 1.2 千克。开产月龄为 7 月，年平均产蛋是 120 个，平均蛋重为 56 克，蛋壳呈褐色。

2. 丝羽鸡

（1）产地与分布　又称之为乌骨鸡、武山鸡、丝毛鸡，主要产区在江西泰和和福建泉州，分布遍及全国各地。

（2）外貌特征　其通体白毛如雪，反卷，呈丝状。归纳它外貌特征为：体小，有“十全”之称，即红冠（红或紫色复冠）、缨头（毛冠）、绿耳、胡子、五爪、毛脚、丝毛、乌皮、乌骨和乌肉。眼、喙、趾、内脏和脂肪呈乌黑色。

（3）生产性能　公鸡体重为 1.00～1.25 千克，母鸡约为 0.75 千克。年产蛋量约为 80 个，蛋壳米褐色。既能食用，又可观赏，还能供药用，有美容养颜、抗衰抗癌的功能。

3. 清远麻鸡

（1）产地与分布　主产自广东省清远市。

（2）外貌特征　体型特征可总结为“一楔”“二细”“三麻身”。“一楔”是指母鸡体型呈楔形，前躯紧凑，后躯圆大；“二细”指头细、脚细；“三麻身”指母鸡背羽面呈现麻黄、麻棕、麻褐三种颜色。公鸡颈部长短适中，头颈、背部的羽毛呈金黄色，胸羽、腹羽、尾羽及主翼羽呈黑色，肩羽、蓑羽呈枣红色。母鸡颈部长短适中，头部和颈前 1/3 的羽毛呈深黄色。胫趾短细，呈黄色。

（3）生产性能　成年公鸡平均体重为 2.2 千克，母鸡为 1.8 千克。5～7 月龄开产，年产蛋为 70～80 个，平均蛋重为 47 克，蛋壳呈浅褐色。

4. 寿光鸡

（1）产地与分布　原产自山东寿光的稻田区慈家、伦家一带，又称慈伦鸡。

（2）外貌特征　全身黑羽带有光泽，红色单冠，眼大灵活，喙呈黑色，皮肤呈白色。体大脚高，骨骼粗壮，体长胸深，背宽且平，脚粗。寿光鸡耐粗饲料，觅食能力强，富体脂。

（3）生产性能　大型成年公鸡平均体重为 3.6 千克，母鸡为 3.3 千克，初产月龄是 8～9 月，年产蛋为 90～100 个，蛋重为 65～75 克；中型成年公鸡平均体重为 2.9 千克，母鸡为 2.3 千克，年产蛋为 120～150 个，蛋重是 60～65

克，蛋壳呈红褐色。

三、现代商用肉鸡

（一）概念

现代商用肉鸡是家禽育种公司依据市场需求，在原品种基础上，通过配合力测定而筛选出的最佳杂交组合。其杂交后的商品鸡，生活力强，生产性能高且整齐，适合大规模集约化饲养。现代商用肉鸡重视群体的生产性能，不强调个体的外貌特征。

（二）商用肉鸡的品系介绍

1. 爱拔益加肉鸡

爱拔益加肉鸡是美国培育的四系配套白羽肉鸡品种，四系都为白洛克型，羽毛都呈白色，单冠。我国是1980年开始引进，现已有多家祖代和父母代种鸡场，是饲养较多的白羽肉鸡品种之一。

爱拔益加肉鸡具有生产性能稳定、增重快、胸部产肉率高、成活率高、饲料报酬高、抗逆性强的优秀特点。商品代公母混养49日龄体重约2.94千克，成活率为95.8%，料肉比为1.9∶1。

2. 艾维茵肉鸡

艾维茵肉鸡是美国培育成的三系配套白羽肉鸡品种。我国在1987年开始引进，目前我国大部分省（自治区、直辖市）建有祖代和父母代种鸡场，是白羽肉鸡中饲养较多的品种之一。

艾维茵肉鸡为显性白羽肉鸡，体型饱满，胸宽，腿短，黄皮肤，具有增重快、成活率高、饲料报酬高的优良特点。商品代公母混养49日龄体重约为2.62千克，料肉比是1.89∶1，成活率97%以上。

3. 宝星肉鸡

宝星肉鸡是加拿大培育的四系配套肉鸡。1978年我国引入曾祖代种鸡译成星布罗，1985年第二次引进曾祖代种鸡称作宝星肉鸡。

宝星肉鸡商品代8周龄平均体重是2.17千克，平均料肉比是2.04∶1。宝星肉鸡在我国适应性较好，在低营养水平及一般条件下饲养，生产性能较好。

4. 红布罗

红布罗肉鸡又称红宝肉鸡，是加拿大培育成的红羽快大型肉鸡品种。一般商品代 50 日龄和 62 日龄体重分别是 1.73 千克和 2.34 千克，料肉比分别是 1.94∶1 和 2.25∶1。该品种外貌具有三黄特征，风味比白羽型的鸡好，因此颇受我国南方消费者的欢迎。

5. 狄高黄肉鸡

狄高黄肉鸡是澳大利亚培育成的二系配套杂交肉鸡，父本是黄羽，母本是浅褐色羽，它的特点是仔鸡生长速度快，与地方鸡杂交效果较好。一般商品代 42 日龄体重是 1.84～1.88 千克，料肉比是 1.87∶1。

6. 罗斯 308 肉鸡

罗斯 308 肉鸡是美国培育成的肉鸡新品种，该品种特点是生长快、抗病能力强、饲料报酬高、产肉量高。商品代公母鸡混养，42 天平均体重为 2.4 千克，料肉比为 1.72∶1，49 天平均体重为 3.05 千克，料肉比为 1.85∶1。

7. 罗曼肉鸡

罗曼肉鸡是德国培育成的四系配套白羽肉鸡品种。它的生产性能为一般 7 周龄商品代平均体重是 2 千克，料肉比是 2.05∶1。

8. 海佩科肉鸡

海佩科肉鸡又名“喜必可”肉鸡，是荷兰培育成的肉鸡品种，类型有白羽型、红羽型和矮小型。56 日龄平均体重为 1.96 千克，料肉比为 2.07∶1。

第二节　肉用仔鸡的饲养管理

随着人们生活水平的提高，禽肉需要量猛增，从而促进了肉用仔鸡的养殖量急剧上升。肉用仔鸡的生长周期短，因此饲养管理技术尤为重要，直接关系其生长发育、产品质量和商品价值。本节将重点讲解肉用仔鸡的前期准备、饲养原则和日常饲养管理。

一、了解肉用仔鸡的生产特点

肉用仔鸡，俗称“笋鸡”或是“童子鸡”，具体是指利用现代育种技术培育的商用鸡种，不分公、母，均可以采用蛋白质和能量较高的日粮进行饲喂，促使其快速生长发育，一般饲养周期 6～8 周，体重达 1.8～2.0 千克即屠宰上市。

二、肉用仔鸡生产前的准备

1. 鸡舍的清理与消毒

在进鸡前 1～2 周，需要清理鸡舍，打扫天棚、墙壁、地面、鸡笼等处，具有条件的鸡场可用高压自来水喷枪把鸡舍内部及设施进行彻底冲洗，并且将舍内所有饲养设备例如开食盘、料桶、饮水器等用具都用清水洗干净，然后用消毒水浸泡半小时，最后用清水冲洗 2～3 次，将其放在鸡舍合适位置风干备用。

冲洗后的鸡舍一定要打开门、窗或风机通风，使其尽快干燥，等鸡舍风干后，可用 2%～3%的火碱溶液涂洒地面和墙壁，然后用酚类或其他消毒剂对鸡舍进行喷雾消毒，消毒药液的浓度要够，剂量要足，消毒物品浸泡消毒的时间要充分，使用现配制的石灰水粉刷鸡舍墙壁，一样可起到消毒作用。若是采用地面平养，应该在地面风干后铺上 7～10 厘米厚的垫料。

2. 饲料的准备

常见的饲料类型有配合饲料、浓缩饲料和预混合饲料，饲养者可根据自己厂的实际情况进行选择。对于规模较大的肉鸡场，可以自己设计配方生产饲料，也可以从饲料厂购买复合预混合饲料或浓缩饲料再自行配成配合饲料。

3. 鸡舍升温

可根据季节和设备情况，在雏鸡到达前 1～2 天将鸡舍进行升温。在冬季，升温能力较差的鸡场可提前 2 天，而夏季则提前 1 天即可。使用舍内供暖设施如火炉、电热板、暖气等，舍内温度达到 27～29℃，保温伞调节至 33～35℃启动开关，保持恒温，待雏鸡入鸡舍。

4. 雏鸡选择和运输

（1）雏鸡的选择　健康雏鸡具备如下特征：活泼好动，反应灵敏，眼睛有神，叫声响亮；脐部愈合良好，无脐血，无毛区较小；腹部柔软，大小适当，卵黄吸收良好，肛门周围羽毛洁净；喙、眼、腿、爪等正常无畸形；手握时雏鸡挣扎有力；体重大小均匀，符合品种标准。

表现站立不稳或不能站立，反应迟钝，绒毛凌乱，脐口闭锁不良并有残留物，腹部坚硬，卵黄吸收不良的为弱雏，应该淘汰，体重过小的鸡也应淘汰。

（2）运输雏鸡　雏鸡的运输要求是迅速、安全、准确，应根据季节选择适宜的运输工具、运输时间，以免雏鸡在运输途中遭受冷、热应激。现在，许多孵化场都拥有专门的设施先进的运雏车，可以直接将雏鸡送到饲养场。若是没有条件的，接雏时必须要提前办理好车辆通行证、雏鸡检疫证等各类手续，迅速装车。装车时把放雏盒按“品”字形码放，用绳拢好。冬季应准备好棉被等防寒物；夏季要注意运输途中的通风换气，定时观察鸡只，发现意外情况及时采取措施。长途运输时间超过 24 小时，可以要求孵化场提前将雏鸡皮下注射一定量的生理盐水，以免脱水。

三、肉用仔鸡的饲料配制

1. 营养需要量

肉仔鸡需要高能量高蛋白水平的饲料，日粮中各种成分齐全、充足且比例均衡。任何微量成分的缺乏与不足都会使鸡只表现出病理状态，肉仔鸡在这方面比蛋用雏鸡更为敏感，反应更为迅速。

当需要饲喂鸡只到较大体重时（2.3 千克以上），应当降低饲料的蛋白质和能量水平，来提高后期成活率及降低腿病和猝死综合征的发生。要确保添加剂的质量并随时注意鸡群表现，如有代谢疾病症状，应该及时检查添加剂的质量和用量，调整用量或对症补充某些缺乏的成分，或是更换添加剂。

2. 饲粮配合

因为仔鸡饲粮能量水平要求较高，饲粮中以含能量高而纤维低的谷物为主，不宜配合较多的含能量低而纤维高的糠麸类，而谷物中一般含蛋白质较低，氨基酸不平衡，所以饲粮中应配以适量的油饼类和添加适当的氨基酸。谷物和油饼中的钙、磷、钠等矿物质含量低，利用率差，因此饲粮中还应配以贝壳、食盐等矿物质。谷物和油饼中所缺乏的微量矿物质和维生素类可用成品的添加剂给予补充。饲料的原料质量和营养成分的含量直接影响所生产饲料的质量，配合饲粮时应注意饲料的品质和含水量，不能饲喂霉变的饲料。饲料种类的选择可因地制宜，但是必须满足营养需要，同时考虑饲料成本。肉用仔鸡饲养期短，饲粮的配合应尽量保持稳定，如有需要改变时，一定是循序渐进、逐步更换，饲粮骤变会造成消化不良，影响肉鸡生长。使用颗粒饲料喂肉用仔鸡有如下优点：颗粒饲料适口性好，营养全面，易于消化吸收；比例稳定，经包装、运输、喂饲等环节不易发生质变；饲料浪费少，有害微生物少；颗粒度小、比重大，能促进肉鸡多采食；可提高消化率约 2%，提高增重 3%～4%；还能减少疾病发生和节省饲料。

四、肉用仔鸡的饲养

1. 饮水

饮水可加速体内卵黄的吸收利用，有利于雏鸡早期的生长发育。同时，由于育雏舍内温度较高，空气干燥，雏鸡呼吸时散发大量水分，长时间不饮水，会导致雏鸡发生脱水，对鸡的健康和生长都有很大影响。特别对经过长途运输，出雏超过24小时以上的雏鸡更要重视这个问题。此外，雏鸡的生长发育迅速，也需要大量饮水。所以，在整个肉仔鸡生长期都要保证充足、洁净的饮水并昼夜不断。

1日龄雏鸡第1次饮水叫初饮。肉仔鸡的初饮一般在出壳12～24小时，最长不超过36小时，初饮对肉仔鸡非常重要，这是由于出雏后大量消耗体内的水分。初饮时在水中加入5%葡萄糖效果较好。肉仔鸡初饮后，通常都不应该再断水。水分占雏鸡体重60%～70%，水在饲料的消化吸收、物质代谢、体温调节等方面都起着非常重要作用。饲养中要防止长时间断水后导致雏鸡暴饮。

饮水器要充足，每只鸡至少占有2.5厘米的水位。饮水器要均匀分布在育雏舍内并且靠近光源和料桶或者放在育雏伞四周。饮水器应该每天清洗2～3次，每周可以使用0.1%的高锰酸钾消毒2次，饮水器的高度要合适，饮水器水盘的边缘应与鸡背等高，随着鸡的生长及时调整饮水器的高度，保证绝大部分鸡只站立时可以饮到水，同时避免鸡脚、垫料和杂物弄脏饮水，防止饮水洒漏弄湿垫料。做到经常检查饮水设备，特别是使用自动饮水系统，要避免断水、跑水、漏水。做到及时发现，快速修复，以免给鸡只造成大的应激。

2. 开食

选择雏鸡最佳的“开食时间”，是养好肉仔鸡获取高利润的重要环节。雏鸡“开水”之后2～3小时，当有60%～70%的雏鸡开始随意走动，并出现用喙啄食地面等求食行为，这时即为最佳“开食时间”。

“开食”时间最好选择白天，目的是让每只雏鸡都能看到饲料，进而利于训练“开食”。饲养人员将饲料从手中缓慢地、均匀地撒在开食盘或报纸，边撒边唤，诱使鸡吃食。要使30%～40%未啄食的雏鸡尽快吃食，可采取以下措施：一是将不吃食的雏鸡放在抢食的雏鸡中间促使其学会吃食；二是将一些比较弱的雏鸡集中起来，使用报纸“开食”，就是把饲料均匀地撒在报纸上，进行诱导“开食”，每次饲喂时间约30分钟。同时要抽验雏鸡吃食量，如摸雏鸡的嗉囊多数有五成饱时，可以停止撒料，并且减少光照强度，使雏鸡休息，之后每隔 2 小时喂一次。这样就能让所有的雏鸡学会采食。

3. 饲喂

雏鸡开食后就进入正式的饲喂阶段，大部分鸡场都采用自由采食，也有少数鸡场采用前期限制饲喂，以控制腹脂。无论采用哪种饲喂形式，都需要根据具体情况而定。饲喂时应做到少添勤添，一般每 2 小时添一次料，之后每天添料不少于 6 次。勤添料能刺激鸡的食欲，减少饲料浪费。料槽或料桶内的饲料不应多于容量的 1/3、还要注意更换料、阶段料的过渡要循序渐进。一般采用以下 2 种方式：假设 A 为前期料，B 为后期料，两者分别包括不同期或不同批次的饲料。

第 1 种方式：2/3 的 A 料加 1/3 的 B 料混合饲喂 1～2 天；1/2 的 A 料加 1/2 的 B 料混合饲喂 1～2 天；1/3 的 A 料加 2/3 的 B 料混合饲喂 1～2 天；然后全喂 B 料。

第 2 种方式：2/3 的 A 料加 1/3 的 B 料混合饲喂 2～3 天；1/3 的 A 料加 2/3 的 B 料混合饲喂 2～3 天；然后全喂 B 料。

五、肉用仔鸡的管理

1. 提供适宜的环境条件

（1）温度　育雏期间温度必须适宜，平稳均匀，防止温度忽高忽低或骤然变化，育雏温度要随肉用仔鸡日龄的增长逐渐降低，同时也要根据肉用仔鸡的生长发育和外界气候条件灵活掌握。

通常情况下，鸡群本身的表现就可判断温度是否适宜。鸡只分散均匀，食欲旺盛，为温度合适；鸡只分群挤堆，靠近热源，为温度过低；鸡只张开翅膀喘气，远离热源，大量饮水，为温度过高。饲养者应经常观察鸡群状态，注意及时调节控制好温度，才能获得较好的饲养效果。

（2）湿度　通常育雏舍相对湿度为 1～10 日龄是 60%～70%为宜。10 日龄以后是 55%～65%为宜。衡量育雏舍湿度是否适宜，可以进入鸡舍后有湿热感，不鼻干口燥，雏鸡的胫、趾润泽细嫩，羽毛柔顺光滑，鸡群活动时舍内无很多灰尘作为参考标准。

在生产中，10 日龄以前育雏舍温度高，雏鸡排泄量小，相对湿度往往低于标准，所以必须采取补湿措施，如可以在热源处放置水盆或挂湿物、向墙上喷水等。随着鸡日龄增大，育雏舍温度下降，肉仔鸡采食、饮水量增加，排泄量相应增多，此时鸡舍相对湿度高于标准，尤其在冬季塑料大棚等保温性能较差的鸡舍，舍内相对湿度更是严重超出，使垫料板结，空气中氨气浓度增大，饲料发霉变质，病原菌和寄生虫滋生，严重影响肉仔鸡健康。所以日常要注重管理，加强通风换气、勤换垫料、不往地面洒水、防止饮水器漏水等。

（3）饲养密度　饲养密度对雏鸡的生长发育有着直接影响。密度过大，舍内空气容易污染，卫生环境不好，吃食拥挤，抢水抢食，饥饱不均，导致雏鸡生长发育缓慢，发育不整齐，易感染疾病和发生啄癖，引起死亡率增加；密度过小，虽然鸡的生长发育较好，但是不易保温，导致人力、物力浪费，饲养成本增高。所以，要根据鸡舍的结构、通风条件等具体情况确定适合的饲养密度。

实行网上育雏或笼育雏，饲养密度可比地面育雏增加30%。当密度合适时，还要注意鸡群大小，通常一群以200～250只较为合适，鸡群过大也不易收到良好效果。

肉用仔鸡在饲养过程中应注意按照强弱、大小分群，对弱鸡、小鸡进行单独饲养，恢复强壮后再回归原群。假若弱雏、小雏不能及时隔离，受大雏、强雏影响，小雏不仅发育不起来，还易得病死亡。

前期饲养密度不能用体重来计算。入雏时每平方米可饲养30～50只，以后逐渐调整减少，最后控制在范围内。食槽要保证充足，每只鸡都能充分采食。通常在第1周每100只鸡雏要配1～2个平底料盘，以后改用食槽，确保每只鸡要占有5厘米的位置。如果用料桶按每50只鸡一个料桶，大鸡时则每20～40只鸡1个料桶。

饮水位置要在不断水的前提下，前2周以每70只雏鸡一个饮水器，之后用水槽时则每只鸡占有2厘米的饮水位置，如果使用圆钟式自动饮水器，则每个饮水器可以供120只鸡使用。生产中要根据肉雏的周龄，及时调换不同型号的饮水器，育雏开始时使用小型饮水器，4～5日龄时把小型饮水器移到自动饮水器周围，待到7～10日龄鸡习惯使用自动饮水器时，换掉小型饮水器。自动饮水器数量要保证足够，分布要均匀，饮水器的间距大约2.5米，饮水器相距太远，鸡不容易找到水喝。饮水器距地面的高度也应随鸡的日龄增长不断调整，饮水器高度过高或过低，鸡饮水都不方便。

（4）光照　光照强度正确供给对肉鸡的采食和生长是非常有利的。采用弱光制度是肉用仔鸡饲养管理的一大特点。强光照可使鸡的兴奋性增强，刺激鸡活动量增加，消耗过多，使鸡焦躁不安，甚至发生啄斗，影响增重；弱光照可降低鸡的兴奋性，让鸡保持安静的状态，这对鸡增重是很有利的。育雏的前3天可以给予较强的光照，之后应逐渐降低，第4周开始一定采用弱光照，实际生产中只要鸡能看到并进行采食、饮水就已经足够了。针对有窗鸡舍或开放式鸡舍，要采用多种挡光的方法，避免阳光直射或光线过强。而密闭式鸡舍，应该安装光照强弱调节器，根据不同时期的要求控制光照强弱。

光照时间：大多数肉鸡饲养者一般在进雏后前2天实行24小时照明，其他时间都是晚上停止1小时照明，即为23小时光照时间。这1小时黑暗目的是让鸡群习惯，万一停电不致引起鸡群骚乱，在全密闭的鸡舍，可执行1～2小时光照，2～4小时黑暗的间歇光照方法，这种方法不仅可以节约电费，也能明显提高肉鸡饲养效果。

光的波长对鸡只也有影响。肉仔鸡在红光环境下比在白光增重快，饲料转化率高，腿病发生率低。原因是红光可使肉仔鸡安静，降低其对外界的敏感性，减少应激。

（5）舍内的空气质量　因为肉鸡饲养密度大、生长迅速，体重增长快，气体的交换量也在增加，舍内空气极易污浊，环境恶化，鸡舍空气缺氧，引起肉仔鸡腹水症发病率大为提高，鸡群的生长速度和成活率都会大受影响。如果鸡舍长期通风不良，舍内有害气体含量过高，不仅会减慢肉鸡的生长速度，还可引发呼吸系统疾病。如果舍内氨气浓度长时间过高，鸡眼结膜受到刺激，可能导致失明。所以，加强通风换气，保持舍内空气新鲜是非常重要的。

在饲养肉仔鸡时，一定坚持一个原则，做好两项工作。一个原则：在保持鸡舍温度的前提下做好通风换气，保持舍内空气新鲜。两项工作：一是当通风换气时，注意避免冷空气直接吹向鸡群，防止发生冷应激；二是及时清理粪便，减少空气污染。

在大型规模化肉鸡饲养场，通风与保温的关系应从设计上充分地考虑。然而家庭式的肉鸡饲养，特别是我国北方的肉鸡饲养户，保温与通风的关系经常处理不好，往往过度强调保温而忽视通风。第1～2周龄应以保温为主，适当注意通风，3周龄开始就要适当增加通风量和通风时间。4周龄之后除非冬季，该以通风为主，尤其是夏季，通风不仅可以提供鸡群代谢所需的氧气，并且还能降低舍内温度，增加鸡只采食量，促进生长。

2. 防疫与消毒

（1）免疫　由于集约化规模生产，集群数量比较大，必须重视卫生防疫工作，个人养殖场或养殖户要根据不同品种，结合当地鸡群实际发病情况进行免疫预防。肉用仔鸡主要是预防新城疫和传染性法氏囊病。

（2）消毒与疫病预防　由于肉仔鸡生产周期短，一旦发病，不仅造成鸡群整齐度低，生长速度降低，而且严重者可导致死亡，造成重大经济损失。因此雏鸡入舍后的日常卫生管理，要做到“四个坚持”“两个不准”。“四个坚持”：坚持每隔2天刷洗料桶和其他用具1次；坚持每次人员出入禽舍要消毒；坚持每周带鸡喷雾消毒2次；坚持定期进行场区环境消毒。“两个不准”：不准将淘汰的弱鸡、病鸡、死鸡随意处理，要深埋或焚烧处理；不准在使用疫苗前后2天内进行带鸡消毒。

3. 采取“全进全出”的饲养制度

“全进全出”饲养制度就是在同一场、区内只进场同批日龄相同的鸡，并且在同一天时间全部出场，做到全场无鸡，鸡只出场后彻底打扫、清洗、消毒，以达到切断病原的目的，消毒后密闭一段时间，再进场下一批鸡饲养。

全进全出饲养制度是现代肉鸡生产一定要做到的一点，它是保证鸡群健康、清除病原的最有效的措施。全进全出饲养制度与过去连续式生产制度相比，其优点是肉鸡生长速度快、饲料转化率高、成活率高。

4. 公母分群饲养

在公母分开的前提下把整栋鸡舍分成若干个小圈，每圈饲养500～1000只。公母鸡因性别不同，其生理基础代谢有区别，因此对环境、营养条件的要求和反应也不相同。主要表现为：生长速度不同，公鸡生长快而母鸡生长慢；56天体重相差约27%；羽毛的生长速度有差异，公鸡羽毛长得慢，母鸡长得快；沉积脂肪能力有不同，母鸡沉积脂肪能力要比公鸡沉积脂肪能力强；公母鸡对饲料要求也不同，公母分群后按公母鸡调整日粮营养水平，饲喂高蛋白质、高氨基酸的日粮能加快公鸡生长速度。

公母分群饲养具有以下优点：鸡群均匀度高，便于屠宰场机械化操作；节约饲料，提高饲料的利用率；便于饲养管理。

六、提高肉用仔鸡产品合格率的措施

1. 减少弱小个体

提高出栏整齐度，可以提高经济效益。分群饲养是保证鸡群健康、生长均匀的重要因素。第1次挑雏要在育雏室进行，挑出弱雏、小雏放在温度较高处，单独隔离饲喂，残雏应予以淘汰，以净化鸡群。第2次挑雏在雏鸡6～8天进行，也可在雏鸡首次免疫时进行，把个头小、长势差的雏鸡单独隔离饲养。雏鸡出壳后要早入舍、早饮水、早开食，对不会采食饮水的雏鸡要进行调教。温度要适宜，防止低温引起腹泻和生长阻滞，从而长成矮小的僵鸡。饮水喂料器械要充足，饲养密度不要过大，患病鸡要隔离饲养、治疗。饲养期间，

对已失去饲养价值的病弱残雏要进行随时淘汰。

2. 防止外伤

肉鸡出场时应妥善处理，即使生长良好的肉鸡，出场送宰后也未必都能加工成优等的胴体。为避免肉鸡胴体等级下降，肉鸡出场时尽可能防止碰伤，这对保证肉鸡的商品合格率是非常重要的。应有计划地在出场前4～6小时使鸡吃光饲料，吊起或移除饲槽和一切用具，饮水器在抓鸡前撤出。为减少鸡的骚动，最好在夜晚抓鸡，舍内安装蓝色或红色灯泡，使光照减至最小限度，然后用围栏圈鸡捕捉，要抓鸡的腰部，不能抓翅膀，抓鸡、入笼、装车、卸车、放鸡的动作要轻巧敏捷，不可粗暴丢掷。

3. 控制胸囊肿

胸囊肿就是肉鸡胸部皮下发生的局部炎症，是肉仔鸡常见的疾病。它不传染不影响生长，但影响屠体的商品价值和等级。针对产生原因应采取有效措施：

① 尽量使垫草干燥、松软，及时更换黏结、潮湿的垫草，保持垫草应有的厚度；

② 减少肉仔鸡卧地的时间，肉仔鸡每天有2～3小时的时间处于卧伏状态，卧伏时胸部受压时间长，压力大，胸部羽毛又长得晚，故易造成胸囊肿，应采取少喂多餐的办法，促使鸡站起来吃食活动；

③ 若采用铁网平养或笼养时，应加一层弹性塑料网。

4. 预防腿部疾病

随着肉仔鸡生产性能的提高，患腿部疾病的概率和严重程度也会增加。引起腿病的原因有以下几类：遗传性腿病，如胫骨软骨发育异常、脊椎滑脱症等；感染性腿病，如化脓性关节炎、鸡脑脊髓炎、病毒性腱鞘炎等；营养性腿病，如脱腱症、软骨症、维生素B_2缺乏症等；管理性腿病，如风湿性和外伤性腿病。预防肉仔鸡腿病，应采取以下措施：

① 完善防疫保健措施，杜绝感染性腿病。

② 确保矿物质及维生素的合理供给，避免因缺乏钙、磷而引起的软脚病，避免因缺锰、锌、胆碱、烟酸、叶酸、维生素B_6等引起的脱腱症，避免因缺乏维生素B_2而引起的蜷趾病。

③ 加强管理，确保肉用仔鸡合理的生活环境，避免因垫草湿度过大，脱温过早，以及抓鸡不当而造成的腿病。

④ 适当限饲，放慢肉鸡的生长速度，减轻腿部骨骼的负担。

5. 预防肉仔鸡腹水综合征

肉用仔鸡由于心、肺、肝、肾等内脏器官发生病理性变化而致使腹腔内大量积液的疾病称之为肉仔鸡腹水综合征。此病的病因主要是由于环境缺氧而导致的。生产中，肉用仔鸡以生长速度快、代谢率旺盛、需氧量高为其显著特点。但它所处的高温、高密度、封闭严密的环境，有害气体如氨气、二氧化碳等常使得新鲜空气缺少而缺氧；同时高能量、高蛋白的饲养水平，也使肉鸡的需氧量增大而相对缺氧；此外，日粮中维生素 E 的缺乏和长期使用一些抗生素等都会导致心、肺、肝、肾等内脏器官的损伤，使体液渗出后在腹腔内大量积聚。病鸡常腹部下垂，用手触摸有波动感，腹部皮肤变薄、发红，腹腔穿刺会流出大量橙色透明液体，严重时走路困难，体温升高。发病后使用药物治疗效果差。生产上主要通过改善环境条件进行预防，其主要措施有：

① 早期适当限饲或降低日粮的能量、蛋白质水平，放慢肉鸡的生长速度，减轻肝、肾及心脏等的负担。

② 降低饲养密度，加强舍内通风，保证有足够的新鲜空气供给，加强孵化后期通风换气。

③ 搞好环境卫生，减少舍内粉尘及其他病原菌的危害，特别是严格控制呼吸道疾病的发生。

④ 饲料中添加维生素 C、维生素 E 等可降低发病率。

第三节　优质肉鸡的饲养管理

优质肉鸡是指其肉品在风味、鲜味和嫩度上优于快大型肉鸡，具有适合当地人们消费习惯所要求的特有优良性状的肉鸡品种或品系，生长速度相对缓慢。本节主要阐述优质肉鸡的概念与分类和优质肉鸡的饲养与管理工作。

一、优质肉鸡概述

1. 优质肉鸡的概念

优质肉鸡是指其肉品在风味、鲜味和嫩度上优于快大型肉鸡，具有适合当地人们消费习惯所要求的特有优良性状的肉鸡品种或品系。优质肉鸡主要具有以下特点。

① 优质肉鸡是指肉质特别鲜美嫩滑、风味独特的肉鸡类型。一般是与肉

用鸡相对而言的，它反映的是肉鸡品种或杂交配套品系，往往具有某些优良地方品种的血缘与特性，优质肉鸡在鸡肉的嫩滑鲜美、营养品质、风味等方面应具有突出的优点。

② 优质肉鸡在生长速度方面往往不及快大型肉鸡品种，但肌肉品质优良、外貌和胴体品质等指标更适合消费者需求。

③ 优质肉鸡包含了肉鸡共同的优质性，是肉鸡优良品质在某些方面具体而突出的体现，适于传统式加工烹调。

2. 优质肉鸡的分类

按照生长速度，我国的优质肉鸡可分为3种类型，即快速型、中速型和优质型。优质肉鸡生产呈现多元化的格局，不同的市场对外观和品质有不同的要求。

（1）快速型　快速型优质肉鸡一般含有较多的国外品种血缘，上市早，生产成本低，肉质风味较差。快速型商品鸡50～55日龄上市，活重1.5～1.7千克。类型有快大三黄鸡、快大青脚麻鸡、快大型黄脚麻鸡等。消费区域在北方地区以及长江中下游地区。因其肉质明显差于中慢速优质肉鸡，在南方特别是华南地区呈逐渐萎缩之势。

（2）中速型　中速型优质肉鸡含外来鸡种血缘较少，体型外貌类似地方鸡种，因此也称为仿土鸡。中速鸡公鸡60～70日龄上市，母鸡80～90日龄上市，活重一般在1.5千克左右。这种类型的优质肉鸡消费者普遍认可，价格合适，体型适中，肉质也较好，占有较大的市场份额，各大优质肉鸡育种公司都有推出。消费区域在香港、澳门和广东珠江三角地区。

（3）慢速型　慢速型优质肉鸡是地方品种或以地方品种为主要血缘的鸡种，生产速度较慢，肉质优良，售价较高。港澳地区及华南各省对慢速型需求量大，近年来在北方市场增长速度也较快。慢速型公鸡80～90日龄出栏，母鸡100～120日龄出栏，活重1.2～1.4千克。慢速型优质肉鸡肉质最好，但饲养期长，养殖成本高。慢速型优质肉鸡外貌要求冠红而大、羽毛光亮、胫细。消费区域在广西、广东湛江地区和广州部分地区。

二、优质肉鸡的饲养方式

1. 舍内平养

包括厚垫料平养和网上平养两种，目前在快大型黄羽鸡饲养中被广泛使用。

2. 放养

包括舍内平养加运动场和生态放养。

（1）舍内平养加运动场　即为舍内地面铺垫料，舍外具有运动场，运动场与舍内面积以1∶1比例为宜，运动场周围有低矮树木，放有栖架，运动场与舍内门窗都设网罩，防止鸡只逃逸。

（2）生态放养　在经济林、荒山或滩涂自然放养且加上合理补料的饲养方式。雏鸡在舍内育雏4～5周之后，可以选择晴天开始室外放养。通过放养加上补饲的饲养方式，鸡只既能采食自然界的虫、草、脱落的果实或粮食，节省饲料；又可增加运动量，增强体质，肉质结实。

3. 笼养

优质肉鸡的适应性强，可采用笼养。优质黄羽肉鸡生长速度较慢、体重小，胸囊肿现象几乎不会发生，采用笼养，特别是后期肥育阶段采用笼养，可以显著地提高育肥效果。

三、优质肉鸡的饲养管理

根据优质肉鸡的生长特点变化，通常将饲养期划分为三个阶段，即为育雏期（0～6周龄）、生长期（7～11周龄）和育肥期（12周龄以上）。

1. 育雏期饲养管理

（1）温度　育雏阶段0～1周龄时舍温为32～35℃，2～3周龄时为24～31℃，4周龄时下降到20～23℃。

（2）相对湿度　舍内的相对湿度保持在55%～65%。10日龄之前湿度为60%～65%，10日龄之后为55%～60%。

（3）补充光照　1～5日龄每天光照23小时，5日龄以后保持每天17小时的光照（包括自然光照在内）。

（4）通风　舍内空气新鲜是雏鸡健康生长的首要条件，要保持空气新鲜，无刺鼻、熏眼的感觉。夏季通过多通风来达到降温去味的目的，冬季当通风与保温存在矛盾时，可在晴天中午开南面上方窗换气。切忌穿堂风，寒风直吹鸡体。

（5）适时饮水和开食　雏鸡应尽早开食和饮水，并且做到料和水充足，自由采食。

（6）断喙　生长速度慢、饲养周期较长的肉鸡易发生啄羽、啄肛等啄癖，需断喙。断喙技术同蛋鸡部分。

(7) 卫生　良好的卫生状况是初级健康的基本保证。做到每天打扫卫生，洗刷饮水器、食盆及食槽，每天更换清洁饮水和饲料，及时清除粪便，更换垫料。做到六净：鸡体净、饲料净、饮水净、食具净、工具净和垫草净。

2. 生长期饲养管理

(1) 公母分群饲养　同快大型肉用仔鸡一样，优质肉鸡公鸡个大体壮、竞食能力强，对蛋白质利用率高，增重较快。而母鸡沉积脂肪能力强，增重较慢，饲料效率低。公母分群饲养可依据公母雏鸡生理特点的不同，采取不同的饲养管理方法，以提高增重、饲料转化率和群体均匀度，达到在适当的日龄上市。

(2) 营养水平调整　在日粮中要供给高蛋白质饲料，有利于提高成活率和促进早期生长。为适应其生长周期长的特点，从中期开始要降低日粮的蛋白质含量，供给砂粒，提高饲料的消化率。生长后期，提高日粮能量水平，最好添加少量脂肪，对改善肉质、增加鸡体肥度和羽毛光泽有显著作用。

(3) 密度管理　生长期饲养密度通常每平方米 30 只，进入生长后期下调为 10～15 只。食槽或料桶数量要配足，并且升高饲槽高度，以免鸡只挑食而把饲料扒到槽外造成浪费。同时要保证充足、洁净的饮水。

(4) 保持稳定的生活环境　因为优质肉鸡的适应性比快大型肉鸡稍强，所以鸡舍结构可以比较简单，但是在日常管理中要注意天气变化对鸡群的影响，保持环境相对稳定，减少高温或寒冷季节造成的不良影响。

(5) 加强卫生防疫　鸡舍要清扫干净，定期消毒，保持清洁卫生，并且做好疫苗的预防接种。饲料中添加益生菌等保健添加剂，以提高鸡体免疫力。根据优质肉鸡饲养周期和所在地区发病特点制定防疫程序。

(6) 阉鸡　优质肉鸡具有土鸡性成熟较早的特征。性成熟时，公鸡会因为追逐母鸡而争斗，采食量下降，从而影响公鸡的肥度和肉质。通过公鸡去势，能够改善肉的品质、利于育肥。不同品种的鸡性成熟期也不尽相同，去势时间也不同。通常认为肉鸡体重达 1 千克时进行阉割较为理想。阉割的日龄会直接影响阉鸡的成活率和手术难易程度。如果过迟、过大去势，鸡的出血量会增加，甚至发生死亡；如果过早、过小去势，由于睾丸还小，难以操作。此外，在天气晴朗、气温适中的时节进行阉割较适宜；否则，阉鸡伤口易导致感染，抵抗力下降，发病率和死亡率都增大。

3. 育肥期饲养管理

育肥期的饲养目的是促进鸡体内脂肪的沉积，增加肉鸡的肥度，改善肉质、提高羽毛的光泽度，并且做到适时上市，在饲养管理上应注意下列事项：

（1）提高日粮能量浓度　随着优质肉鸡日龄的增大，体内增长的主要组织器官和生长期阶段有很大差别，由长骨骼、内脏、羽毛到长肉和沉积脂肪。肉鸡沉积适当的脂肪可改善鸡的肉质，提高商品屠体外观的美感，是保证上市出口的条件。因此，在此阶段的饲料配合上，通常应提高日粮的代谢能，相对降低蛋白质含量。肉鸡育肥期的能量水平通常要求达到12.55兆焦耳/千克，粗蛋白质约占15%便可。为了满足这个水平，往往需添加动物性脂肪，但不能添加羊油等有异味的油脂，添加量约占饲料5%～10%。添加脂肪能增加三黄肉鸡羽毛的光泽度。

（2）生态放养注意事项

① 场地选择。优质肉鸡放养场地一般选择在地势干燥、水源充足、排水方便、环境幽静、阳光充足的草地、河谷、林地、果园、滩涂等地方，并且经环保检测符合无公害要求，同时要求场地相对封闭、易于隔离。

② 放养鸡舍的建造。放养鸡舍主要是为鸡休息、避风用，可以相对简单。放养鸡舍应建在离育雏舍较近、地势相对平坦、坐北朝南、避风向阳、水源充足和牧草丰富的地方。建舍材料可以就地取材，如木条、塑料布、遮阳网等。面积要根据散养数量而定，夏天每平方米不超过10只，冬天不超过15只。

③ 围栏的修建。为了防止鸡外逃或野兽侵袭，放养场地必须装有围网或围栏设施。可以选择尼龙网、塑料网或钢丝网作围网，选择用竹竿、树干作围栏。保证放养场地采取轮牧方式，有利于草地休养生息。

④ 补饲。放养1周之后，早、晚各补饲1次全价饲料，从第2周开始每晚补饲1次。生长速度较快的优质肉鸡在5周龄后可逐渐补充谷物玉米等杂粮。

⑤ 场地卫生及消毒。舍内用具及物品定期清洗、保持干净。舍内鸡粪每月至少清理2次，使用10%～20%的生石灰水进行消毒。同一块场地放养2～3年后要更换另一块场地，保证放养地自然净化2年以上，待全面消毒后再养鸡。

（3）催肥上市　在上市前20天，要加强饲喂，着重加喂黄色玉米等能量饲料，进行适度的催肥，提高上市鸡品质。

四、适时销售

适宜的饲养期是提高肉质的关键环节。饲养期太短，肌肉中水分含量过多，营养成分累积不够，鲜味素及芳香物质含量少，肉质不佳，达不到优质肉鸡的标准。饲养期过长则肌纤维过老，饲养成本大。依据优质肉鸡的生长、生理和营养成分的累积特点和公鸡生长快于母鸡、性成熟早等特点，确定小型肉鸡公鸡100日龄，母鸡120日龄上市；中型肉鸡公鸡110日龄，母鸡130日龄上市。此时上市的鸡的体重、肌肉中的营养成分、鲜味素及芳香物质的累积基本达到成鸡的含量标准，肉质又鲜嫩，是体重、质量、成本三者的较佳结合点。

第四节 肉种鸡的饲养管理

肉种鸡饲养管理的好坏，直接影响其生产性能、种用价值及经济效益。根据种鸡生理阶段的不同，通常将肉种鸡的饲养阶段分为育雏期（0～4周龄）、育成期（5～24周龄）和产蛋期（25周龄至淘汰）3个阶段。不同时期肉种鸡具有不同的生理特点，因此要针对性地对每个时期需求进行对应的管理，避免影响到种鸡生产性能的发挥。

一、肉用种鸡的饲养

（一）肉用种鸡的饲养方式

目前多数种鸡场都采用笼养方式。

（二）肉用种鸡的限制饲养

（1）限制饲养的目的　肉用种鸡具有生长速度快、采食量大、脂肪沉积能力强特点，不能采取自由采食的饲喂方法，必须执行限制饲养，简称限饲。限饲技术是近年来饲养肉用种鸡主要采用的技术。对肉用种鸡的饲料在量或质的方面采取限制，有利于是控制种鸡体重，使其满足标准要求，延缓种鸡性成熟期，使母鸡适时开产，提高种用价值。

（2）限制饲养的方法　限制饲养的程度主要根据肉用种鸡的体重来调整。不同品系的肉用种鸡所处在不同的生长发育阶段，其体重增加量也不同，因此在制订限饲方案时可根据育种公司提供的不同生产阶段的体重标准，采用不同的限饲方法和不同的限饲程度，以达到最佳的限饲效果。肉种鸡在饲养的全程都要进行限制饲养，但是最主要的限饲阶段是在育成期。

肉种鸡的限饲一定要从两方面考虑，一是限制饲养水平，二是限制饲料的喂量。限制饲养水平称限质，限制喂量又称为限量。

① 限质，即采取措施让鸡只日粮中某些营养成分低于正常水平，使日粮营养不平衡，如低能量日粮、低蛋白日粮，与此同时增加纤维类的饲料如糠麸、叶粉等，造成鸡只采食同样数量的饲料却不能获取足够的可供生长的营养物质，造成生长速度变慢，性成熟延缓。进行限质过程中，对钙、磷等微量元素和维生素的供应一定要充分，有利于育成鸡骨骼、肌肉的生长，一般采用的限质程序是从 4 周龄开始，日粮中蛋白质水平从 18%逐渐降到 15%，代谢能从 11.5 兆焦耳/千克降至 11 兆焦耳/千克。

② 限量即限制饲料的喂给量，限量饲喂通常从 4 周龄开始，限量方式包括每天限饲、隔日限饲和每周限饲。

每天限饲法：每天减少喂料量、饲喂次数和采食时间。此方法对鸡只应激较小，适合幼雏转入育成期前 2～4 周（即 3～6 周龄）和育成鸡转入产蛋鸡舍前 3～4 周（20～24 周龄）时使用，并且也适用于自动化喂料机械饲养。

隔日限饲法：把两天的限料量加在一起，一日饲喂，一日停喂，此方法限饲强度较大，适合生长速度较快、体重难以控制的阶段，如 7～11 周龄，此外，体重超标的鸡群，特别是公鸡也可以使用此法，但是要注意 2 天的饲料量的总和不能多过高峰期用料量或不超过 120 克。同时应在停喂日限制饮水，以免鸡群在空腹情况下饮水过多。

每周限饲法：每周饲喂 5 天，不连续停喂 2 天，比如一周内星期日和星期三不饲喂。此方法限饲强度较小，一般适用于 12～19 周龄。

（3）限制饲养的注意事项

① 及时调群。限制饲养前，通过观察鸡群和逐只称重，将其分成大、中、小三群。并且将过度瘦弱，体质较差的鸡淘汰。如若鸡群整齐度很高，可以不用全群逐只称重，只需进行个别调整即可。限制饲养开始后，依据每周称重结果和日常观察，随时调整鸡群，将体重大小一致的鸡只调到同一群，再执行增减料计划，种鸡一旦开产后，一般不再进行调群，避免因鸡只应激引起损失。

② 确定各阶段的饲料量

育成期到开产期：根据每周对种鸡的称重情况，参考标准体重，酌情考虑加减料。而且还需要综合考虑所用的饲料中能量水平和蛋白质水平与鸡只的营养需要。

产蛋期：依据鸡群的实际产蛋率，日平均舍温、种鸡参考体重、种蛋的质量和健康状况而定。种鸡开产后的 3～4 周饲料供给量必须快速增加、很快达到产蛋高峰期的最大饲喂量。若是种鸡的营养供应不充足或不及时，种鸡会在产蛋高峰前出现掉羽现象，蛋重变轻，甚至停产。确定下来种鸡产蛋高峰期饲喂量后，要保证饲料质和量稳定，不能轻易改变，一般保持时间需要6～8周，这样可尽量保持种鸡的产蛋率。

产蛋后期：肉种鸡的产蛋率大约在40周龄后开始下降，在36周龄或产蛋高峰过后1～2周，鸡群产蛋率就不再上升，此时要酌情减料，否则种鸡会因为营养过剩而变得肥胖，产蛋率会下降。一般来说减料的原则是产蛋率每下降4%，每只鸡平均减料2.3克，到40～64周龄时每只种鸡减料约14克。

③ 备足料槽水槽、喂料快而均匀。采用限制饲养的种鸡群必须保证每只鸡都有足够的料位和水位，要根据饲养的数量备足料槽和水槽，避免鸡只因采食不均造成体重不一致或由于互相拥挤抢食，出现伤亡等现象。

④ 定期称重。称重的目的是及时掌握鸡群的体重分布情况，并依据标准体重，适时调群，合理增减饲喂量，利于提高鸡群的整齐度。每次称重，随机称一定比例的鸡，所称鸡只数量占鸡群比例越大，获得结果越真实。通常要求生长期随机抽测每栏鸡数的5%～10%，产蛋期是2%～5%。

⑤ 其他注意事项。当处在鸡群发病期、投药期，鸡群防疫、转群等应激情况时，要暂停限饲。

（4）限饲效果检查　限制饲养是控制种鸡生长速度、延缓体重增长，达到理想生产性能的有效措施。种鸡在限制饲养后，获得效果如何，应从以下方面判断：

① 整齐度，也称为均匀度，是指鸡群中每只鸡体重大小的均匀程度。它是反映鸡的品种、生产性能和饲养管理技术的综合指标。限饲效果好的鸡群整齐度应大于80%。

② 体重标准。经过限制饲养的肉种鸡每周随机抽测的平均体重要与本品种的标准体重相符。

③ 开产日龄。种鸡群在24～26周龄内逐渐开产，25周龄产蛋率达到5%，表明开产日龄一致，限饲效果较好。如果鸡群开产日龄不一致、有早有晚，这样的鸡群往往产蛋率上升慢，产蛋高峰不易达到，这是限饲不当的表现。

二、肉用种鸡的管理

1. 开产前的饲养管理

肉用种鸡1～20周的饲养管理及生长情况，决定着它以后的生产性能。通过对温度、湿度、饲养密度、断喙、光照等管理，让种鸡开产时拥有健康的骨骼、适当的胫长、发达的肌肉、较低的脂肪沉积及适宜的体重，以达到适时开产、获得较高的产蛋率和较长的产蛋持续时间。

（1）温度　雏鸡1～3日龄适宜的温度为34～36度，适宜温度范围之外不能超过4小时。降温从3日龄以后开始，可根据季节、鸡生长情况、饲养密度、鸡舍条件等每周逐渐下降2～3度，3周后可每周逐渐下降3～5度。当夏季育雏时温度不能高于上限，在冬季育雏时温度不能低于下限。温度过高或者过低，雏鸡都会出现腹泻、卵黄吸收不良、应激及脱水等问题。所以适宜的温度、温差、施温方法和施温时间的长短是决定育雏成败的关键。

（2）湿度　相对湿度一般为60%～70%，高温季节的湿度不低于40%，冬季的湿度不超过80%，要避免高温高湿和低温高湿对鸡只造成的危害。

（3）饲养密度　饲养密度过大易导致鸡生长发育不良，均匀度差，球虫病、呼吸道疾病的暴发。依据温度、湿度及时调整密度，尤其是在限饲中要与槽位等鸡舍条件配套。饲养密度过高，育雏期结束时，小母鸡胫长发育差、均匀度差、羽毛生长不佳、体重不达标。密度过低，会出现人员和鸡舍浪费，导致生产成本升高。

（4）断喙　断喙最佳时间是母鸡5～7日龄，公鸡10～12日龄。断喙的好坏会直接影响到育成期限饲计划的实施和均匀度的高低，断喙前后2天，在饮水中加维生素K和抗应激电解质多维，采用自由采食，避开挑鸡、转群、防疫等应激因素。

（5）光照　肉用种鸡的光照程序和蛋用种鸡的光照程序基本相同。光照计划的执行要和饲料过渡、管理过渡和体成熟等管理工作相配合，否则性成熟和体成熟不同步，会导致产蛋高峰上不去和产蛋高峰期持续时间过短等情况。

育成期不能任意增加光照时间或者变更光照度，产蛋期也不能任意减少光照时间或者变更光照度。

（6）公母组群　当肉用种鸡达到18周龄时，要进行种公鸡和种母鸡的选择和组群。对种公鸡的选择要严格，淘汰不符合种用标准的公鸡，保留体重达标、第二性征明显的公鸡。公鸡并入母鸡群要在晚上进行，公母之间在体重和性成熟方面不宜有太大差别。

2. 产蛋期的饲养管理

（1）开产前期饲养管理　在母鸡产蛋前完成所有疫苗接种工作。制定规范的饲养制度和管理方案，减少应激因素，给予适宜的温度（15～21℃），为种鸡打造一个适宜的产蛋环境。光照过渡、管理过渡等应同步进行。见蛋后，要避免地面蛋、啄蛋等不良行为，帮助母鸡熟悉环境、建立良好的行为和条件反射，以减少后期不必要的重复劳动。

（2）产蛋期饲养管理　产蛋期喂料量可根据产蛋率递增、蛋重、母鸡体重等加料。产蛋率达到45%～50%喂高峰料。测定的生产指标和实际的生产指标及产蛋环境要吻合，否则产蛋达不到高峰，母鸡过肥，产蛋持续时间短。如果加的高峰料预计得比实际低，高峰很快会跌下去，产蛋持续时间短。

温度管理最为重要，特别是温差较大的季节，鸡并不表现明显临床症状，仅表现为粪便变稀或者生产水平下降。注意高温季节的管理，除了采取一定的降温措施外，还要减少饲喂量。

产蛋期减料通常从33～35周开始。产蛋前期建立的所有程序，比如配方，饲喂时间，饲喂数量、环境温度、卫生条件等，不得任意更改，因为任何应激都会导致产蛋水平急剧下降。如若产蛋高峰未达到80%以上，管理上也不要松懈，因为维持这种产蛋率的时间越长，总产蛋数也会适当弥补高峰未上去的损失。

产蛋后期注意公鸡体重和腿病，注意受精率及孵化率。产蛋期有条件的鸡场可实行公母同栏分饲，这样有利于公鸡的健康和保持旺盛的活力，减少腿病的发生。

（3）加强种蛋管理，提高孵化率、健雏率

① 定时拣蛋。每天分5次拣蛋，减少种蛋的破碎率和种蛋被污染的机会。拣蛋同时剔除畸形蛋、破损蛋等不合格种蛋。

② 种蛋及时消毒。每次拣蛋结束后立即用3个当量浓度的甲醛烟熏消毒，在种蛋冷却收缩之前消毒，能够有效阻止蛋壳外面的有害微生物进入种蛋内部。

③ 种蛋贮存。种蛋贮存的时间一般为3～5天，不得超过7天。

（4）注重种公鸡的选择与淘汰　种公鸡体重均匀、体质健壮，是提高种蛋受精率的保证。在控制体重的同时，还要经常检查鸡群是否存在体重轻、体质差、雄性不佳、行为异常的公鸡，发现这几类的公鸡要及时淘汰，并补充后备公鸡。

第三章
鸭生产

第一节　鸭品种的选择

一、我国的鸭品种

我国养鸭业长期以来主要流行在长江流域及其以南地区，这是因为江淮平原水渠纵横，湖泊众多。鸭的品种按羽色可分为白羽和有色羽；按经济用途分，可分为三个类型，肉用型、蛋用型及兼用型。

（一）蛋鸭

1. 绍兴鸭

（1）产地与分布　绍兴鸭，简称绍鸭，又叫绍兴麻鸭，是我国优秀的高产蛋鸭品种，因原产于浙江绍兴等县而得名。目前，全国十几个省份均有分布。

（2）外貌特征　毛色可分为红毛绿翼梢鸭、带圈白翼梢鸭二个类型。带圈白翼梢鸭公鸭全身羽毛呈深褐色，母鸭全身以浅褐色麻雀羽为基色，颈中间有2～4厘米宽的白色羽圈，腹部中下部羽毛呈白色；红毛绿翼梢公鸭全身羽毛以深褐色为主，头颈羽呈墨绿色；母鸭全身以褐色麻雀羽为主，颈部无白圈，腹部褐麻，无白色。

（3）生产性能　平均初生重为38克，60日龄为860克，90日龄为1120克，成年为1450克。红毛绿翼梢成年公鸭体重为1300克，母鸭为1260克；带圈白翼梢成年公鸭体重为1430克，母鸭为1270克。母鸭平均110日龄开产。红毛绿翼梢母鸭平均年产蛋为280个，300日龄平均蛋重为70克；带圈白翼梢母鸭平均年产蛋为270个，300日龄平均蛋重为67克。蛋壳呈玉白色，少数呈白色或青绿色。公鸭性成熟期是110天，公母鸭配种比例：早春为1∶

20，夏秋为 1∶30。平均种蛋受精率是 90%，平均受精蛋孵化率是 80%。公鸭利用年限是 1 年，母鸭是 1～3 年。

2. 金定鸭

（1）产地与分布　金定鸭又称绿头鸭、华南鸭，因主产于福建省漳州市龙海区紫泥镇金定村而得名。

（2）外貌特征　公鸭体型较长，胸宽背阔；母鸭身体细长，匀称紧凑，腹部丰满。成年公鸭头颈部羽毛有翠绿色光泽，无明显的白颈圈，性羽为黑色，并略上翘。母鸭全身羽毛为赤褐色麻雀羽，背部羽毛颜色从前向后逐渐加深，有镜羽。喙呈黄绿色；虹彩褐色；胫、蹼呈橘红色；爪呈黑色。

（3）生产性能　平均初生重为 48 克；60 日龄公鸭约 1038 克，母鸭约 1037 克；90 日龄公鸭约 1465 克，母鸭约 1466 克；成年公鸭约 1760 克，母鸭约 1780 克。母鸭平均 115 日龄开产，平均年产蛋为 290 个，舍饲条件下平均年产蛋为 313 个，高者达 360 个，平均蛋重为 72 克。蛋壳呈青色，少数为白色。公鸭性成熟期为 110 天。公母鸭配种比例 1∶25。平均种蛋受精率为 90%，平均受精蛋孵化率为 89%。公鸭利用年限 1 年，母鸭 3 年。

3. 高邮鸭

（1）产地与分布　原产于江苏省高邮市，属于蛋肉兼用型品种，又称高邮麻鸭，高邮鸭以产双黄蛋而闻名。

（2）外貌特征　母鸭全身羽毛呈褐色，有黑色细小斑点，如麻雀羽；主翼羽呈蓝黑色；喙呈豆黑色；虹彩呈深褐色；胫、蹼呈灰褐色，爪呈黑色。公鸭体型较大，背阔肩宽，胸深躯长，呈长方形。头颈上半段羽毛呈深孔雀绿色，背、腰、胸为褐色芦花毛，臀部为黑色，腹部为白色。喙呈青绿色，趾蹼均呈橘红色，爪黑色。

（3）生产性能　成年公鸭体重为 3000～4000 克，母鸭为 2500～3000 克。仔鸭放养 2 月龄体重可达 2500 克。母鸭 180～210 日龄开产，年产蛋约 169 个，蛋重 70～80 克，蛋壳呈白色或者绿色。在放牧条件下，通常 70 日龄体重可达 1500 克。采用配合饲料，50 日龄平均体重达到 1780 克。平均种蛋受精率 90%以上，平均受精蛋孵化率为 85%。

（二）肉鸭

1. 北京鸭

（1）产地与分布　原产于北京西郊玉泉山一带，现已遍布世界各地，属于肉用型品种，该品种具有生长发育快、育肥性能佳的特点，是闻名世界的“北京烤鸭”的制作原料。在国际养鸭业中占有重要地位。

（2）外貌特征　该品种体型较大且紧凑匀称、头大颈粗、体宽、胸腹深、腿短、体躯呈长方形、前躯高昂、尾羽稍上翘。公鸭具有钩状性羽，两翼紧附在体躯，羽毛呈纯白略带奶油光泽。喙和皮肤呈橙黄色，跖蹼为橘红色。性情温顺，易肥育，对各种饲养条件均表现出较强的适应能力。

（3）生产性能　雏鸭成活率可达90%～95%，7周龄体重约2500克，肉料消耗比约1∶3.5，成年公鸭体重为3000～4000克，母鸭为2700～3500克。母鸭5～6月龄开始产蛋，年产蛋为180～210个，蛋重在90～100克，蛋壳呈白色，平均种蛋受精率约90%，平均受精蛋孵化率约80%。

二、国外引入鸭品种

（一）蛋鸭

卡基-康贝尔鸭

（1）产地与分布　属于蛋用型品种，是由印度跑鸭、法国鲁昂鸭和绿头野鸭杂交培育而成。

（2）外貌特征　体躯较高大，深长而结实；头部秀美，面部丰润，喙中等大，眼大而明亮；颈部细长而直，背宽广、平直、长度中等；胸部饱满，腹部发育良好而不下垂；两翼紧附体躯，两腿中等长，站距较宽。公鸭的头、颈、尾和翼肩部羽毛呈青铜色，其余羽毛呈深褐色；喙呈蓝色，胫、蹼呈深橘红色。母鸭的羽毛为暗褐色，头颈羽毛为稍深的黄褐色，喙呈绿色或浅黑色，翼为黄褐色，胫、蹼的颜色与体躯相似。

（3）生产性能　成年公鸭平均体重2400克，母鸭2300克。母鸭平均130日龄开产，72周龄平均产蛋280个，平均蛋重70克，蛋壳呈白色。公母鸭配种比例1∶15～20，平均种蛋受精率为85%。公鸭利用年限1年，母鸭第1年较好，到第2年生产性能明显下降。

（二）肉鸭

1. 樱桃谷鸭

（1）产地与分布　属于肉用型品种，原产于英国，是闻名世界的肉鸭品种。

（2）外貌特征　樱桃谷鸭体型较大，成年公鸭体重为4000～4500克，母鸭为3500～4000克。

（3）生产性能　该品种具有生长快、瘦肉率高、净肉率高、饲料转化率高和抗病力强等优点。白羽L系商品鸭47日龄体重达3000克，料肉比为3：1，瘦肉率达70%以上，胸肌率为23.6%～24.7%。父母代群母鸭性成熟期为26周龄，年平均产蛋在210～220个。

2. 瘤头鸭

（1）产地与分布　属于肉用型品种，原产于南美洲及中美洲热带地区。学名为麝香鸭，我国称番鸭或洋鸭，国外称火鸡鸭、蛮鸭或巴西鸭。

（2）外貌特征　该品种体型前后窄、中间宽，呈纺锤状，站立时体躯与地面呈水平状态。喙短而窄，喙基部和头部两侧有红色或黑色皮瘤，不生长羽毛，公鸭的皮瘤肥厚展延较宽，头部大，颈粗稍短，头顶部有一排纵向长羽，当受刺激时竖起呈刷状。腿短而粗壮，胸腿部肌肉很发达。翅膀发达长至尾部，能进行短距离飞翔。

（3）生产性能　公鸭全净膛率为76.3%，母鸭为77%；公鸭胸腿肌占全净膛重的29.63%，母鸭为29.74%。肌肉蛋白质含量在33%～34%。母鸭6～9月龄时开产，一般年产蛋在80～120个，高产可达150～160个，蛋重为70～80克，蛋壳呈玉白色。公母鸭配种比1∶6～8，受精率为85%～94%，受精蛋孵化率为80%～85%，种公鸭利用年限为1～1.5年。

第二节　蛋鸭的饲养管理

一、雏鸭的饲养管理

雏鸭一般是指0～4周的鸭。雏鸭的羽毛稀少，体温调节能力弱，对外界环境条件变化敏感，消化器官发育尚不健全，容积小，消化能力弱。雏鸭时期生长发育最快，需要精心的饲养与管理，所以育雏期重要任务是提高雏鸭的成活率，同时为育成鸭和种鸭的培育打下坚实的基础。

1. 育雏前的准备

育雏季节的选择，应根据当地的实际情况，选择合适的育雏季节。圈养蛋鸭一年四季都可饲养，但最好避开盛夏和严冬进入产蛋高峰期。放牧饲养，应根据放牧条件来确定育雏的最佳时期。因育雏时间不同，通常将雏鸭分为三类。

（1）春鸭　从春分到立夏甚至到小满之间，即3月下旬到5月份饲养的雏鸭都称之为春鸭。春鸭具有生长速度快、节省饲料、开产早、产蛋高峰期长等特点。

（2）夏鸭　从芒种到立秋前，即从6月上旬到8月上旬饲养的雏鸭，称为夏鸭。这个时期气温高、雨水多、气候潮湿、农作物生长茂密。这时期育雏一般不需要保温，可以节省能源费，但是气温高、天气闷热，所以夏鸭饲养前期要做好防潮、防暑及防病等工作。

（3）秋鸭　从立秋至白露，即从8月中旬到9月饲养的雏鸭称为秋鸭。此期秋高气爽，外界气候正适合鸭的生长需要，是育雏的好季节。秋鸭此时能充分利用晚稻田进行放牧，降低饲养成本。秋鸭的育成期正值严冬，气温低，放牧时天然饲料较少，因此，要注意防寒和适当补料。我国长江中下游大部分地区都利用秋鸭作为种鸭。

其他准备，除了育雏季节外，育雏前还需要确定运输方式，育雏人员，准备好育雏室，育雏饲料与垫料等。工作步骤基本同雏鸡的育雏前准备，这里就不再赘述。

2. 雏鸭的饲养

（1）开水　雏鸭出壳后第一次饮水称为“开水”，也称“潮水”。培育雏鸭要掌握“早饮水、早开食，先饮水、后开食”的原则。“开水”应在雏鸭出壳后12～24小时进行，运输路途较远的，待雏鸭到达育雏舍休息约0.5小时后“开水”。传统养鸭“开水”方式是将雏鸭装在竹篓里，慢慢将竹篓放于15℃的浅水中，水面以浸没鸭爪为宜。集约化养鸭“开水”大多采用饮水器或浅水盘，直接让雏鸭饮水。整个育雏期应提供给雏鸭清洁、新鲜的饮水，在饮水中加入适量的葡萄糖或多种维生素，以促进肠胃蠕动，排除胎粪；加快新陈代谢，加速吸收剩余的卵黄，提高食欲，增强体质。所以，要先饮水后开食。如若在饮水中加入0.01%的高锰酸钾，还能对肠胃起到消毒作用。

（2）开食与饲喂　雏鸭第一次喂食称开食，一般在饮水后1小时左右进行。开食料通常用雏鸭全价料，或者将碎米煮成半熟后放到清水中浸一下，再捞起后饲喂，把饲料均匀撒在塑料布上，边撒边吆喝，调教采食，开食时吃到六成饱为宜。同时鸭有一边饮水一边吃料的习性，所以可将饮水器放在料槽旁。

3日龄内的雏鸭喂料应做到少喂勤添，随吃随给，并且一次不能太多，否则容易腐败变质。白天每隔1.5～2小时喂一次，晚上再饲喂1～2次。对于不会自行采食的弱雏，配合人工辅助采食，要保证每只鸭都能吃上饲料，但是不宜喂得过饱。3天以后，改为食槽饲喂；6日龄起可以定时喂食，每隔2小时喂一次；8～12日龄每昼夜饲喂8次；13～15日龄每昼夜喂6次；16～20日龄每昼夜饲喂5次；21日龄以后每昼夜喂4次。从出壳到28日龄，每只雏鸭共需要全价配合料约为1.4～1.5千克。

3. 雏鸭的管理

(1) 提供适宜的环境条件

① 温度。温度是决定育雏能否成功的关键所在。雏鸭的体温调节能力弱，绒毛稀，当温度过低时，会影响雏鸭的采食和运动，严重时鸭只挤压成堆，死亡率增高。若温度过高，雏鸭远离热源，张口呼吸，饮水量增加。只有温度适宜时，雏鸭精神活泼，羽毛光滑、整齐，运动舒展，三五成群，静卧无声，有规律地采食、饮水、排泄粪便，每间隔10分钟"叫群"运动一次。3周龄后，雏鸭已具有一定抗寒能力，当气温达到15℃左右，可不再人工给温。若外界气温低，则保温期延长，需至25～28日龄才可脱温。脱温时一定要注意天气变化，在脱温的头2～3天，如果遇到气温突然下降，也要适当增加温度，等气温回升后，再完全脱温。

② 湿度。湿度是指相对湿度，即空气中水汽的相对含量。雏鸭适宜的相对湿度为：1～7日龄相对湿度为65%～70%；8～14日龄相对湿度为60%～65%；15～28日龄相对湿度为55%～60%。如果湿度过低，雏鸭饮水量加大，食欲减退，羽毛生长缓慢，卵黄吸收不良，爪干，脱水，下痢，群体生长发育不均匀，灰尘刺激易引发呼吸道疾病。如果湿度过高，细菌、病毒及寄生虫易滋生繁殖，引起球虫病、呼吸道和消化道疾病的发生。

雏鸭下水时间要严格控制，垫草一定保持干燥，特别是采食或下水洗浴后，休息时更要提供干燥洁净的垫草。

③ 通风换气。4日龄内的雏鸭小，呼吸量也小，排泄量和产生的污浊气体也少，加上需要保持较高的温度，此时适当换气即可。随着日龄增长，排泄物增多，空气中二氧化碳含量增高，粪便发酵、腐败产生氨和硫化氢等有害气体也增加，舍内湿度升高，应逐步加大通风换气量，以保持舍内空气新鲜。

④ 光照。光照可加快雏鸭机体新陈代谢，促使维生素的合成，促进骨骼迅速生长。蛋用雏鸭使用光照的目的是控制其性成熟期，提高产蛋量。雏鸭开食后，采食量小，采食速度慢，为确保雏鸭有足够的采食、饮水时间，1周龄内，每昼夜光照时间为20～24小时，光照强度为10勒克斯；2周龄开始，逐渐降低光照度，缩短光照时间；3周龄起一般不再增加人工光照，只利用自然

光照即可。

⑤ 饲养密度。饲养密度指每平方米雏鸭舍饲养雏鸭的数量。饲养密度对雏鸭生长发育影响较大。密度过大，会导致雏鸭活动不便，采食、饮水困难，舍内空气污浊，环境潮湿，雏鸭因拥挤造成生长受阻，鸭只大小参差不齐，易引发疾病，死亡率高。密度过小，雏鸭生长较快，成活率高，但是舍内温度不易控制，鸭舍利用率低，能源消耗较多，不经济。

（2）及时分群　雏鸭分群是提高其成活率的重要环节，可根据鸭只的个体大小、强弱及时分群饲养。笼养的雏鸭，把弱雏放在笼的上层、温度较高的地方。在平养时，弱雏放在鸭舍中温度最高处。育雏3天左右，把少食或不食的雏鸭放在一起饲养，可适当增加饲喂次数，提高环境温度1～2℃。在1～14日龄，每群100～150只为宜；在15～28日龄，以200～250只为宜。此外，还可根据雏鸭各阶段的体重和羽毛生长情况分群。

（3）适时下水和放牧　洗浴要从小开始训练，用水盆给水，可逐渐提高水的深度，并将水由室内转移到室外，连续几天之后雏鸭就习惯下水了。若是人工控制下水，一定先喂料后下水，并且要等雏鸭全部吃饱后才能放水。最初可引3～5只雏鸭先下水，之后逐步扩大下水鸭群，最终达全部自然下水。雏鸭下水的时间，从开始每次10～20分钟，然后逐渐延长，每天上午、下午各一次，水上生活适应以后，次数也可逐步增加。下水的雏鸭上岸后，要让它在无风而温暖的地方理毛，使其身上的湿毛尽快干燥后，进育雏室休息，一定不能让湿毛雏鸭进育雏室休息。

雏鸭适应自由下水活动后，就开始进行放牧训练。放牧训练的原则是：距离由近到远，次数由少到多，时间由短到长，最初放牧时间不能太长，每天放牧两次，每次20～30分钟，放牧后要让雏鸭回育雏室休息。随着日龄的增加，放牧时间可以延长，次数也可以增加。适于雏鸭放牧的场地有：稻田、浅水沟、池塘等，这些场地水草丰盛，浮游生物、昆虫较多，方便于雏鸭觅食。施过化肥、农药的水田及场地均不能放牧，避免中毒。

（4）搞好环境卫生　随着雏鸭日龄增大，排泄物不断增多，鸭舍极容易潮湿、污秽，一定及时打扫干净，勤换垫草，保持舍内干燥清洁，食槽、饮水器每天要清洗、消毒，育雏舍周围应定期打扫，四周的排水沟一定要畅通，以保持干燥、清洁、卫生的环境。

（5）建立稳定的管理程序　蛋鸭的各种行为都要在雏鸭阶段进行培养、训练。饲喂、饮水、洗浴、收牧休息等都要定时定地，形成规律，这个规律不能轻易改变；如果必须改变，也要循序渐进。若是频繁地改变饲料和生活秩序，不仅不会让雏鸭形成良好而有规律的生活习惯，还会影响生长，引发疾病，降低成活率。

二、育成鸭的饲养管理

育成鸭通常是指5～16周龄或18周龄的青年鸭。此时期的鸭生长速度增快，羽毛生长迅速，性器官发育快，对外界环境的适应力增强。育成期饲养管理的好坏，会直接影响鸭性成熟后的体质、产蛋状况和种用价值。所以，应加强育成鸭的饲养管理，为将来产蛋期的稳产、高产打下坚实的基础。

1. 育成鸭饲养方式

（1）放牧饲养　放牧饲养是我国传统的饲养方式。利用稻田、湖泊等天然条件觅食各种天然的动植物饲料，节省饲料费用，降低生产成本，锻炼鸭的体质，促进其骨骼生长，但此方法对环境有一定的污染，而且不利于疾病防控，容易出现寄生虫病，此方法只适合小规模养殖户。

① 放牧前的采食训练。放牧前要调教鸭觅食各种动植物饲料。例如在调教雏鸭吃螺蛳肉的基础上改换成将螺蛳轧碎后连壳喂，待鸭吃过几次后就可以直接喂小嫩螺蛳，然后将螺蛳撒在浅水中，使鸭学会在水中采食螺蛳。

② 放牧前的信号调教。可使用固定的口令和信号训练鸭群，使鸭形成条件反射。常用的口令是“呷，呷呷”或用哨子轻吹，一边呼唤，一边给料，一段时间后即可建立条件反射，做到“呼之即来，赶之即走”。常用的手势信号有以下几种：前进，牧鸭人将竹竿平靠在肘上，钝端在前，尖端在后；停止前进，牧鸭人将竹竿横握在手中，立于鸭群的前面；向左转弯，牧鸭人将竹竿的尖端在右方不断地挥动，竿梢指向左方；向右转弯，牧鸭人将竹竿的尖端在左方不断地挥动，竿梢指向右方；停下采食，将竹竿插在牧地的四方，表示在这个范围内活动，经训练的鸭群就会停下来觅食。

③ 放牧方法。育成鸭放牧的方法主要是两种，一是定时放牧法，即每天按时放牧，进出圈舍的线路要相对固定，从近到远，进入牧场后使鸭群自由分散，自由采食，牧鸭人随群看守，防止野兽侵扰，另一种是二人共同管理，鸭群前面一人带路，后面一人压阵，赶鸭群缓慢前进觅食，此种方法适于牧地饲料较少或牧地范围较小。

（2）舍内饲养　整个育成期一直在鸭舍内进行饲养过程称为舍内饲养，又称圈养。一般鸭舍内采用厚垫料饲养或是网状地面饲养。由于吃食、饮水、运动和休息都在鸭舍内进行，因此饲养管理要求比较严格。鸭舍内必须设置饮水和排水系统，采用垫料饲养的，垫料要厚，要经常翻动增添，以保证垫料的清洁干燥。此方式优点是环境条件可控制，基本不受到自然制约，增加饲养量，提高劳力生产率，减少寄生虫病和传染病感染的概率；缺点是投资较大。

（3）半舍饲　鸭群固定在鸭舍、陆上运动场和水上运动场，不外出放牧。吃食、饮水可设在舍内，也可设在舍外。一般不设饮水系统，饲养管理不如全圈养那样严格，其优点是与全圈养一样，减少疾病传染源，便于科学饲养管理。这种饲养方式一般与养鱼的鱼塘结合在一起，形成一个良好的鸭－鱼结合生态循环，是我国当前农村养鸭的主要方式之一。

2. 育成鸭的饲养

育成期与其他时期相比，饲料宜粗不宜精，能量和蛋白质水平宜低不宜高，目的是使育成鸭得到充分锻炼，促使蛋鸭长好骨架。饲料中代谢能含量为11.297～11.506兆焦耳/千克，粗蛋白质含量为15%～18%，日粮是以糠麸为主，动物性饲料不宜过多，舍饲的鸭群在日粮中添加5%的砂粒，以增强胃肠功能，提高消化能力。有条件的养殖场，可用青绿饲料代替部分精饲料和维生素添加剂。青绿饲料可以大量利用天然的水草，若采用全舍饲或半舍饲，运动量不如放养饲养，为了抑制育成鸭性腺过早成熟，防止沉积过多的脂肪，影响产蛋性能和种用性能，在育成期饲养过程中采用限制饲养方式。限制饲喂主要用于圈养和半圈养鸭群。放牧鸭群由于运动量大，能量消耗也大，而且每天都要不停地找吃的，这一过程就是一个限喂过程，故放牧条件下一般不需要限饲。

限制饲养的方法有：限时、限量、限质。育成鸭主要采用限质的方法进行限制饲养，即为限制日粮中的能量、蛋白质、氨基酸等营养水平。通常从8周龄开始到16～18周龄结束。当鸭的体重符合本品种的阶段体重时，可以不限饲；如发现鸭体重过大，则需要进行限制饲养。降低饲料中的营养水平，适当增加青饲料、粗饲料的喂量。限制饲养时，必须保证鸭群有足够的采食位置，注意投料的次数，限制程度较大时，可不分餐饲喂，每天或2天喂一次。每周要进行一次随机抽样称重，抽取比例为鸭群的5%。称重后与标准体重进行比较，依据体重的差异，确定限饲方案。

3. 育成鸭的管理

（1）合理分群　分群可以保证鸭群生长发育一致，方便管理。在育成期分群的另一个原因是：当饲养密度较高时，鸭群互相挤动，会使刚生长出的羽毛轴受伤出血，严重时互相践踏，导致生长发育停滞。育成鸭可按照体重、强弱和公母分群饲养。舍饲条件下育成鸭每栏200～300只较合适。其饲养密度为

5～8 周龄 15 只/平方米，9～12 周龄 12 只/平方米，13 周龄起 10 只/平方米。

（2）适当运动　适当加强育成鸭的运动能够促进骨骼和肌肉的发育，防止过肥。每天定时驱赶鸭在舍内或陆上运动场做转圈运动，也可让其在水上运动场活动、洗浴，每次 5～10 分钟，每天活动 2～4 次。

（3）控制光照　育成鸭的光照时间宜短不宜长。有条件的鸭场，育成鸭从 8 周龄起，每天光照约 8～10 小时，光照度 5 勒克斯（约 2.7 瓦/平方米）。但是为了便于鸭子夜间饮水，防止老鼠或鸟兽走动时惊群，鸭舍内可以通宵弱光照明。

（4）搞好环境卫生　搞好鸭舍的清洁卫生，定期对鸭舍消毒，及时更换垫料，保持垫料干燥。料槽、水槽要经常清扫、冲洗。及时清除鸭舍粪污，保持鸭体清洁。

（5）建立稳定的管理程序，减少应激　依据鸭的生活习性，定时作息，制订操作规程。形成作息制度之后，尽量保持稳定，不要无故变更。噪声、拥挤、惊吓、驱赶、转群、免疫接种、高温、寒冷、气候骤变、停电、缺水、光线过强、变换饲料、运输等情况，均可引起应激。改善环境条件，并且维持稳定，这是预防和减少环境应激因素对鸭群造成不良影响的有效措施。

三、产蛋鸭的饲养管理

1. 舍内圈养条件下产蛋鸭的饲养管理

母鸭开产后，日粮营养水平尤其是粗蛋白质含量要随产蛋率的增加而调整，以促使鸭群尽快达到产蛋高峰。产蛋前期白天喂料 3 次，晚上 21：00～22：00 再给料一次，每只鸭的投喂料量约 150 克。产蛋中期的鸭群进入产蛋高峰期后，日粮营养水平要在之前基础上适当提高，特别注意钙量的增加，并适量喂给青绿饲料或者添加多种维生素。每天喂料 3 次，每只鸭的投喂料量约 175 克。产蛋后期产蛋率会逐渐下降，这时应将日粮中的能量、蛋白质适当下调，适量增加青绿饲料。

（1）提供适宜的环境条件

① 温度。鸭对外界环境温度的变化具有一定的适应范围，成年鸭适宜的环境温度为 5～27℃。当温度超过 30℃时，其采食量降低，产蛋量下降；若温度过低时，其采食量增加，饲料利用率降低；当温度 0℃以下时，产蛋率明显下降。产蛋鸭最适宜的环境温度是 13～23℃，此环境温度下的饲料利用率，产蛋率都处于最佳状态。

② 湿度。鸭在产蛋期的采食量增大，排出的粪尿较多，容易造成栏舍潮

湿，应该勤换垫料，保持舍内干燥。产蛋鸭最适的相对湿度为55%～60%。

③ 通风换气。产蛋鸭栏舍内要求通风良好。当外界温度较高时，可以在鸭舍内安装湿帘，实施纵向通风，也可安装排风扇或吊扇，加强通风换气。

④ 光照。鸭达到性成熟后，要逐渐增加光照时间，提高光照强度，促使鸭的性器官发育，适时开产；进入产蛋高峰期后，要保持稳定的光照时间和光照度，使鸭持续高产。光照时间从17～19周龄开始逐渐延长，22周龄时达每昼夜16～17小时后恒定不变。在整个产蛋期，光照时间不能缩短，更不能忽长忽短。光照度为5勒克斯。当灯泡距离地面2米时，一个25瓦的灯泡，即能满足20平方米鸭舍的照明。

⑤ 饲养密度。地面平养以5～6只/平方米为宜，每群800～1000只较合适。

（2）及时淘汰低产鸭和停产鸭　在寒冷季节到来之前，要对鸭群进行调整，将老、弱、病、残鸭，低产鸭和停产鸭及时淘汰。低产鸭和停产鸭的翼羽会明显脱落，喙基部变黄，体弱，泄殖腔小而干燥，腹部容积小且硬，耻骨间距小。调整好鸭群后，把生产性能好、体质健壮的蛋鸭作为冬季产蛋的核心鸭群，为提高鸭群产蛋率打下基础。

（3）搞好环境卫生　产蛋鸭舍内要保持清洁卫生，定时清除粪便，及时更换垫料，保持栏舍干燥、通风，料槽、水槽每天要清洗，同时要注意饮水卫生，舍内外应定期消毒。

（4）季节管理

① 春季管理要点。春季气温转暖，日照逐渐增加，气候条件有利于产蛋。要充分利用此特点，促使鸭子多产蛋。首先，提供全价日粮，满足产蛋鸭对各种营养物质的需求；其次，初春要注意气温变化，做好防寒保暖工作。春夏交替，气候多变，注意鸭舍内的干燥和通风。在气温回升后，舍内垫料不要堆积过厚，要及时清除并进行消毒。平时应该注意搞好舍内外清洁卫生工作。同时，早春也是鸭子传染病的多发季节，应做好防疫工作。

② 夏季管理要点。夏季炎热多雨，要注意防暑防雨，鸭舍内要加强通风换气。运动场可搭建凉棚或种植藤蔓植物，并且做到早放鸭、迟关鸭，延长中午舍内休息时间。晚上可让鸭在露天过夜，但必须点灯，以防兽害。饮水要保证充足，最好饮清凉的井水。多喂青绿饲料，促进其食欲。要避免雷阵雨袭击，雷雨来临前赶鸭入舍。

③ 秋季管理要点。秋季要克服气候多变的影响，尽量使鸭舍内的小气候保持相对稳定。注意补充人工光照，使每日光照时间达16小时。适当增加日

粮营养水平，做好防风、防寒、防湿、保温工作。

④ 冬季管理要点。冬季的管理重点是防寒保暖，鸭进舍后要关闭门窗，防止贼风侵袭，尤其是北窗必须堵严，舍内垫厚干草，保持其干燥，鸭舍内温度最低应在5℃以上。为了提高日粮中代谢能水平，最好饮用温水。早上迟放鸭，傍晚早关鸭，控制下水时间。

2. 放牧条件下产蛋鸭的饲养管理

（1）放牧条件下产蛋鸭的饲养　产蛋鸭的放牧饲养主要是在天然牧场放牧，并且加强人工补料。要选择水生动植物饲料较多，水质较好，水流缓慢的水域或农田进行放牧，并依据天气和季节的变化、天然饲料的数量、鸭群的产蛋情况，确定放牧时间和补饲的次数和数量。产蛋水平高峰时每天补饲2～3次，每天每只补料50～100克。当寒冷的冬季、早春、深秋或炎热的夏季时，应该减少放牧时间，适当增加补饲量。

（2）放牧条件下产蛋鸭的管理

① 注意选择牧地。在选择放牧场地时要注意以下几个条件：由于鸭子行动笨拙，速度缓慢，放牧地距离鸭舍不宜过远；放牧的路途要求较平坦，坡度不能太大，尤其不能有较大的沟坎；鸭子对牧草有一定的选择性，牧地要有鸭喜食的牧草等天然饲料；要有清洁的水源供鸭子饮用和洗浴；水中有小鱼、小虾、螺蛳等更佳；夏季如有树林供鸭群遮阳更好。

② 酌情补饲。如果牧地天然饲料丰富，可以减少鸭群补饲。如果在放牧时鸭只采食量不足，不能满足其正常生长发育需要时，则必须进行适当的补饲。

③ 夏季防暑。在炎热的夏季，鸭在烈日暴晒下易中暑。因此，最好在清晨和傍晚放牧，中午选择通风良好、阴凉的地方休息，不可让鸭在烈日下暴晒。

④ 防止中毒。不可在刚喷过农药的草地、果园、农田里放牧。喷过农药后应过15天，确认无毒害后方可放牧。

⑤ 防兽害。在放牧过程中，要注意防野猫、野犬、黄鼠狼等野兽侵袭鸭群。

⑥ 防猛赶。鸭行走较缓慢，故在放牧过程中切勿猛赶乱追。

⑦ 注意放牧鸭群数量。以500～1000只为宜，按大小、公母分群放牧饲养。

⑧ 防风、防雨。在水中放牧要逆水而放，便于鸭在水中采食；气温低有风的天气放牧，应逆风而放，避免鸭因冷风吹起身上的羽毛而受凉。

四、种用蛋鸭的饲养管理

种用蛋鸭饲养管理的主要目的是获得最多的合格种蛋，可以孵化出品质优良的雏鸭。因此，对种用蛋鸭除了要求产蛋率高之外，还要有较高的受精率和孵化率，并且孵出优质雏鸭。蛋用种鸭与产蛋鸭的饲养管理基本相同，不同的是饲养蛋用种鸭不仅要获得较高的产蛋量，而且更要保证蛋的质量。

1. 种公鸭的饲养管理

种公鸭的选留须按种公鸭的标准经过育雏、育成和性成熟初期三个阶段的选择。在育成期，公母鸭分群饲养，公鸭以放牧为主，让其多运动，多锻炼。配种前 20 天将种公鸭放入母鸭群中。为了提高种蛋的受精率，种公鸭应该提前于母鸭 1～2 个月饲养，以便在母鸭产蛋前达到性成熟。种鸭交配活动是在水上进行，早晚交配次数最多。

2. 公母比例

我国麻鸭类型的蛋鸭品种，在早春和冬季，公母配偶比例为 1∶20，夏、秋季公母配偶比例可提高到 1∶30，这样的公母配偶比例使受精率可达 90%以上，在配种季节，多观察公鸭配种表现，发现伤残的公鸭要立即淘汰，并且及时补充新公鸭。

3. 加强运动和洗浴

每天饲喂种鸭后将其赶下水洗浴，冬、春季每天放水 1～2 次，夏季 2～4 次，每次放水时间为 20～60 分钟，做到冬短夏长。冬季可在每天 10：00，14：00～15：00 各放水 1 次。放鸭前要先打开门窗通风，驱赶鸭运动几分钟，使舍内外温度平衡一致，此时放鸭可以防感冒。洗浴后，冬季让鸭晒太阳、夏季让鸭在阴凉处休息。

4. 及时收集种蛋

种蛋温度的变化会直接影响种蛋质量。刚产下时蛋温与体温一致，如果不及时捡蛋，蛋温下降将会影响种蛋的质量。此外，蛋产出 30 分钟后，细菌可通过气室进入蛋内，造成种蛋污染，因此，必须勤捡蛋，确保种蛋不会受潮、暴晒及受到粪便、细菌污染。每天早晨及时收集种蛋，尽快进行消毒并且存入蛋库。

5. 保持环境干燥卫生

种鸭舍应保持清洁、干燥和安静，冬暖夏凉，通风透气。夏季要注意防暑降温，冬季要防止冷湿和贼风。母鸭大都在早上3：00～5：00产蛋，早上放鸭后捡蛋，然后清扫粪便，铺上垫草。料槽、水槽及陆上运动场应每天清扫，舍内舍外要定期消毒。

6. 人工强制换羽

一般进入秋季，鸭群就会自然换羽。种鸭自然换羽持续时间可长达3～4个月。为了缩短休产时间，生产中往往进行人工强制换羽，使种鸭尽快换羽（45～60天），提高蛋数量和蛋品质。

（1）强制换羽方法

① 停产。将产蛋率下降到30%的母鸭关入舍内，3～4天只供给水，不放牧、不喂料，或者是在前7天逐步减少饲料喂量，即第1天饲料开始降低，喂料2次，给料由80%逐渐降至第7天给30%到第8天停料只供给饮水，关养在鸭舍内。两种方法都可以使用，但以第二种较为安全。在限饲期间，关灯以减少光照对内分泌腺的刺激。鸭群由于生活条件和生活规律骤然变化，营养缺乏，体质下降，体脂迅速消耗，体重急剧下降，产蛋完全停止。此时母鸭前胸和背部的羽毛相继脱落，主翼羽、副翼羽及主尾羽的羽根透明干涸而且中空，羽轴与毛囊脱离，拔时已脱离且不出血，这时可进行人工拔羽。

② 拔羽。拔羽最好在晴天早上进行。具体操作是用左手抓住鸭的双翼，右手由内向外侧沿着该羽毛的尖端方向用，用力瞬间拔出。可先拔主翼羽，后拔副翼羽，最后拔尾羽。公母鸭要同时拔羽，在恢复产蛋前，公母要分开饲养。拔羽当天不放水、不放牧，防止毛孔感染，但可以让其在运动场上活动，并供给饮水，给料30%。

③ 恢复。鸭群经过停产、拔羽，体质变弱，体重减轻，消化机能下降，此时需加强饲养管理，但在恢复饲料供给时要循序渐进。喂料量应由少至多，质量由粗到精，经过7～8天才逐渐恢复到正常，由给料30%逐步恢复到全量喂给，避免因暴食导致消化不良。拔羽后第2天开始放牧，放水，加强活动。拔羽后25～30天，新羽毛可以长齐，再过两周后恢复产蛋。

（2）强制换羽的注意事项

① 每年的2～8月是全年孵化的旺季，同时是种鸭的产蛋盛期，通常不采取强制换羽，以免影响种蛋的供应。

② 实行人工强制换羽之前，应淘汰老、弱、病、残鸭，避免在应激时死亡。

③ 换羽期要将鸭舍彻底打扫干净，避免种鸭因饥饿吞食异物而死亡。

④ 在人工拔羽时，天气炎热的季节，可将胸、腹、背部的羽毛一并拔去，

天气寒冷时可不拔，使其自然脱落换羽，以达到保温防寒的目的。

⑤ 拔羽后5天内，要注意防寒保暖，避免阳光暴晒。

⑥ 当鸭新长成的主翼羽达1～2厘米长时，可逐步下水洗浴，以增强体质。

⑦ 当恢复喂料时，应安排足够的饲槽并逐渐增加喂料量，避免发生食滞。

⑧ 在后备种鸭不足时，可采用人工强制换羽的方法延长种鸭的使用期限。

第三节　肉鸭的饲养管理

一、肉用仔鸭的饲养管理

肉用仔鸭具有早期生长速度快、体重大、产蛋率高、饲料转化率高、生产周期短的特点。根据生长阶段的特点将其分为育雏期和育肥期两个时期。

（一）育雏期（0～3周龄）

肉用仔鸭和蛋用仔鸭育雏方式有相似之处，通常都是采用全进全出制生产，饲养密度较大，一般采用地面平养育雏或立体育雏。立体育雏可以充分利用育雏空间，育雏笼可分3～5层，与地面平养育雏相比，在相同空间内可以增加育雏数量2～3倍。还可以利用雏鸭自身的热量作为育雏能量来源之一，减少供暖设备的耗能，节约成本，但要注意室内的空气质量、湿度、温度等。

1. 育雏前的准备

（1）饲养数量的确定　根据饲养密度与鸭舍面积，估算出饲养数量。

（2）鸭舍准备、修整与消毒　将舍内地面清理，料槽、饮水器要清洗，疏通排水沟，把所有设备、用具洗净之后进行消毒。育雏室进行熏蒸消毒，将所有洗净的设备、用具放入舍内，关闭门窗，密闭熏蒸消毒2天。

（3）垫料、饲料与常规药品的准备　雏鸭进舍前一天，要铺好垫料。垫料要求干净、干燥、柔软，无尖锐杂物，切忌霉烂。利用麦秸、稻草或谷壳铺4～5厘米厚。饲料要使用全价颗粒料，常用药物例如抗生素等应适当准备。

（4）进鸭前鸭舍升温　室温应在24℃以上，育雏器温度不能低于30℃。

2. 育雏条件

（1）合适的温度　前3天温度应高于30℃，以后逐渐下降，每天降幅不能太大，以每 2 天降低 1℃为宜，直至 20℃左右。

（2）合理的密度　密度太大容易导致空气污浊，环境潮湿，影响生长，还会诱发啄癖。育雏前 2 周雏鸭 20～30 只/平方米，中大鸭 7～10 只/平方米。密度的确定与季节、鸭舍类型、鸭舍的通风能力有关。

（3）良好的通风　鸭舍内要加强通风，及时排出舍内的水汽和有害气体，保持舍内空气状况良好。

（4）保证光照　0～3 天的雏鸭，每天 24 小时光照，之后每天 23 小时光照，夜晚 1 小时黑暗。

（5）适当晒太阳　鸭在运动场上可适当晒太阳，促进骨骼发育，减少瘫跛。

3. 雏鸭饲养管理

（1）饮水　雏鸭进场后，先饮水，前 2 天的饮水中，可适当加入 0.01%的高锰酸钾或雏禽多种维生素。要人工调教不会饮水的雏鸭。整个饲养期内要提供清洁的饮水。

（2）饲喂　第一次饮水之后 1～2 小时，开始喂料，最初每天喂料不少于 6 次，每次饲喂数量不宜太多，以到下次喂料时刚好吃完为宜。饲料的配制要合理，并且保证饲料卫生，不饲喂发霉变质饲料。整个饲养期内也可以实行自由采食。

（3）分群饲养　每群数量不要过多，通常每群不超过 1000 只。挑选出鸭群中过小的鸭子，集中单独饲喂，避免鸭群中的小鸭被挤伤或踩伤。

（4）执行“全进全出”的饲养制度　肉鸭饲养执行“全进全出”制，在肉鸭出场后，彻底打扫卫生、清洗、消毒，切断病原的循环感染，保证鸭群健康，有利于饲养管理，提高肉鸭的出栏率。

（5）环境卫生与日常消毒　严格的消毒是饲养好商品肉鸭的关键环节。舍内垫料不宜过脏、过湿，场区内的杂草要及时清除。每天早、中、晚要清扫鸭舍过道，刷洗水槽。对鸭舍内所有用具要定期消毒，每周 1～2 次。场区门口和鸭舍门口要设有消毒池，进出场区或鸭舍要脚踩消毒，常规带鸭消毒每周进行 1～2 次。

（二）育肥期（4 周龄至出栏）

此时肉用仔鸭的体温调节机能已趋于完善，消化功能已经健全，采食量增大，骨骼和肌肉生长迅速，绝对增重处于最高峰。

1. 饲养条件

（1）饮水　在整个育肥期应供给充足、清洁的饮水，尤其在夏季，不可缺水。每只鸭占有水槽长度应为1.25厘米以上。

（2）饲喂　从育雏结束转为生长育肥期之前2～3天，把雏鸭料逐渐转换成生长期料，切勿突然更换饲料。育肥阶段为自由采食进行饲喂，为了防止饲料浪费，把饲槽宽度控制在10厘米左右。每只鸭占有饲槽长度为10厘米以上。

（3）温度、湿度和光照

最佳室温为15～18℃，冬季要加温，使室温达到10℃以上。相对湿度保持在50%～55%，应维持地面垫料干燥。光照度以能看见饲料，适应采食为宜。白天利用自然光，早晚加料时开灯照明。

（4）适时更换饲料　4周龄时，肉鸭采食量增加，生长速度加快，此时应更换育肥期日粮。更换饲料时，要循序渐进，可利用3天的时间过渡换料：第1天将2/3的雏鸭料和1/3的育肥料混匀后饲喂；第2天各用1/2混匀后饲喂；第3天将1/3的雏鸭料和2/3的育肥料混匀后饲喂；第4天全部使用育肥料。这样，能减少因饲料突然变化而引起的消化不良、腹泻，甚至拒食。

（5）及时调整密度　育肥期肉鸭生长发育快，要及时调整饲养密度。地面平养时饲养密度为：4周龄时7～8只/平方米，5周龄时6～7只/平方米，6周龄时5～6只/平方米，7～8周龄时4～5只/平方米。

（6）保持环境卫生　进入育肥阶段的鸭采食量和饮水量大，排粪多，鸭舍易潮湿、腐臭及滋生蚊蝇。因此，鸭粪需及时清除，地面常扫，垫料常换，定期洗刷饲养工具，保持舍内清洁干净。

（三）肉用仔鸭填饲育肥

一般在40～42日龄，体重达1.6～1.7千克以上的中雏，即可以开始填饲，但在鸭子生长较慢的情况下，延长至45～49日龄时才开始填饲。通常开填日龄早，饲料报酬较好，开填日龄过晚，饲料转化率降低。过早填饲，鸭的骨骼、肌肉尚未发育完全，消化机能未完善，易引起瘫痪和死亡；过晚填饲，耗料量多，增重缓慢。

1. 填饲前的准备

填饲前根据性别、体重、大小、体质进行分群，挑选体质健壮，发育正常的鸭填饲，淘汰病残鸭及弱鸭。填饲前应剪去鸭爪尖，避免填饲时抓伤操作人员。

2. 填饲期饲料

填饲期通常为2周左右，日粮分为前后2期，各填饲1周左右。前期饲料能量水平稍低，蛋白质水平稍高，而后期料正好相反。填鸭的饲料中要添加维生素和微量元素，尤其要注意钙和磷的数量和比例。天气炎热时不能用水拌料，否则会变质。舍温不太高时，先加水把料调成糊状，放置3～4小时，让其软化，这样可以提高饲料消化率。水与干料之比为6∶4，每天填饲4次。填饲量如下：第1天为150～160克，第2～3天为175克，第4～5天为200克，第6～7天为225克，第8～9天为275克，第10～11天为325克，第12～13天为400克，第14天为450克。

3. 填饲方法

（1）手工填饲　家庭多用此方法填饲，填喂时，操作人员坐在小凳上，将鸭固定在两腿之间，用左手拇指和食指撑开鸭喙，中指压住鸭舌，右手把料塞进口腔顶入食道填下即可。手工填饲费力费时，目前国内外已采用填料机代替手工填饲，大大提高了劳动生产率，适合肥肝批量生产的需要。

（2）填料机填饲　填饲前将鸭赶入待填圈，每圈约100只，再分批赶入填鸭小圈，每次赶入10～20只。填饲时，填饲者随手抓鸭，左手握鸭的头部，拇指与食指撑开上下喙，中指下压舌部，右手轻握鸭的食道膨大部，轻轻将鸭喙套在填饲管上，慢慢向前推送，使胶管插入咽下食道中，此时要让鸭体与胶管平行，以免刺伤食道，然后把饲料压进鸭的食道膨大部，随着饲料的压进，缓慢向外退出填鸭机。如果使用手压填鸭机，右手向下按压填饲杆把，把饲料压入食道中，填饲完毕后，将填饲杆把上抬，再把鸭头向下从填饲管中退出。

4. 填饲注意事项

① 观察鸭的消化情况：一般在填饲前1小时，填鸭的食道膨大部普遍出现垂直的凹沟即为消化正常；要是早于1小时出现，表明需要增料；要是晚于1小时出现，表明消化不良或者填饲量偏多，必须推迟下次填料时间并且减少填料量。

② 填饲应定时、定量，昼夜不断水，每天保证有30分钟的洗浴时间。

③ 填饲的日粮应保持相对稳定，切勿频繁变动，以免造成鸭消化功能下降；填饲的料应为新鲜，严禁填喂霉变饲料。

④ 填饲后每隔2～3小时轻轻哄赶鸭群走动，促使其饮水、排粪，避免长卧不起导致腿部瘫软和胸腹出现压伤等。

⑤ 鸭的抗热性差，高温炎热季节，鸭群易出现热应激，肉鸭表现为采食量下降、增重慢、死亡率高，所以夏季管理特别要注意防暑降温。

⑥ 填饲期间，搞好圈舍内卫生，圈内要垫些干净的细沙，并且经常消毒。

⑦ 当用手摸到肉鸭皮下脂肪增厚，翼羽根呈透明状态时，即可上市出售。

二、肉用种鸭的饲养管理

（一）育雏期的饲养管理

肉用种鸭的育雏期为0～4周龄，这个时期的饲养管理参照肉用仔鸭育雏期饲养管理。

（二）后备种鸭的培育

5～24周龄的种鸭称为后备种鸭。此期间主要采用限制饲养的方法进行饲养。限饲前，应把体重过小的鸭子和病鸭挑出，它们不能进行限制饲养。

1. 限制饲养

(1) 限制饲养的目的　限制饲养的目的是让种鸭达到标准的产蛋体重，适时达到性成熟与体成熟，并且减少初产期产过小蛋及产蛋后期产过大蛋的数量，避免因采食过多而导致过肥，降低死亡和淘汰数，提高种鸭的产蛋率及受精率，延长种鸭的有效利用时间，节省饲料，进而提高饲养父母代种鸭的经济效益。

(2) 限制饲养的方法

限时，限时饲喂，可以减少饲喂次数，也可以缩短饲喂时间。

限质，适当降低日粮中粗蛋白质、能量、氨基酸等营养水平，增加纤维素量。但钙、磷、微量元素和维生素，要给予充足，保证鸭骨骼和肌肉正常生长发育。

限量，限量可以分为每日限量和隔日限量。每日限量，就是将每天的喂料在早上一次性投给，这种方法适用于群体较小的种鸭群。隔日限量，就是将2天规定的喂量合在1天饲喂，即喂料1天，停喂1天。这种方法适用于饲养密度较大的种鸭群。

2. 运动和洗浴

育成舍一般都设有陆上运动场和水上运动场，每天需要定期驱赶鸭群，尤其是公鸭群，增加其运动量，可以增强体质和控制体重，但是在驱赶时速度不能太快，防止出现踩踏现象。鸭有戏水，清洗残留食物和洁身的特性，定期给鸭提供洗浴，一般每周 2～3 次，每次洗浴后，要等到鸭羽毛几乎晾干后才能让其进入育成舍内，防止舍内湿度太高。

3. 饲养密度

保证种鸭有足够的采食、饮水位置。每只鸭占料槽位在 13～15 厘米为宜，占水槽位在 3.5～5 厘米为宜。确保每只鸭有足够的活动空间，并且将鸭舍分隔成栏，每栏以 200～250 只为宜。若是群体过大，会造成个体差异大和伤残率高。

4. 称重

从第 4 周开始，每周末随机抽取鸭群的 10%进行称重，计算其平均体重，依据体重大小来确定下周的饲喂量，并且及时调整分群，缩小群体间个体差异。每天的喂料量要准确。

5. 降低应激

免疫接种或转群时，可以在饮水或者饲料中添加维生素和电解质以防应激。

6. 光照控制

肉用后备种鸭育成期光照的原则为：18 周龄前不要延长光照时间及增加光照度，以防止过早性成熟。5～16 周龄的鸭多采用自然光照。

光照对种鸭的繁殖功能影响较大，增加光照能刺激性激素分泌，可以调节后备种鸭的性成熟，到 18 周龄时，应结合公母鸭增重情况，把光照时数增加到 16 小时，之后采取恒定光照方案，光照度保持在 15～20 勒克斯。

（三）产蛋期肉种鸭的饲养管理

1. 转群及选种

（1）转群　肉用后备种鸭一般在 24 周前转入产蛋鸭舍，转群前 1 周，要准备好鸭舍，转群应在夜间进行，因为夜间转群可以降低应激，转群时尽量保证环境条件的基本恒定，使两鸭舍环境尽可能相似。同时，要保证鸭在进入新舍时有充足的饮水与适量的饲料。转群后，饲养人员要密切观察鸭群的精神状态，采食、饮水情况及活动表现等，如若发现问题，及时采取措施，确保转群后饲养的成活率。

（2）选种　在转群的同时可以对种鸭进行第二次选择。此次选择的重点是公鸭，选择符合品种特征、体重适当、生长发育良好、体质健壮、活泼灵敏、体形较好、羽毛丰满、双爪强壮有力的公鸭留种，淘汰多余的公鸭。同时，母鸭的选择主要是淘汰弱鸭，此时的公母配偶比例应为1∶5。

2. 更换饲料

当鸭产蛋率达5%时，要及时将育成期饲料改换为产蛋前期饲料，提高日粮中的营养水平，粗蛋白质含量达到16%，钙的含量为3.0%～3.5%。更换饲料要循序渐进，约需1周的时间逐渐转换。

3. 增加光照

产蛋期肉种鸭对光照刺激的反应和肉种鸡相同，增加光照时间可以刺激产蛋。因此，在产蛋期保证光照时间。产蛋期要求每天光照达16小时，补光时，早上开灯时间定在4：00最好。光照强度为10勒克斯，灯高2米，并且灯分布要均匀。要自备发电设备，否则停电时鸭蛋破损率和脏污蛋将增加。

4. 饲养密度

种鸭的饲养密度通常为2～3只/平方米。如果有户外运动场，舍内饲养密度可以增大到3.5～4只/平方米，户外运动场的面积通常为舍内面积的2～2.5倍。另外，鸭群的规模也不适宜过大，每群以240只为宜。

5. 公母配比

种鸭群中公母鸭的配比决定种蛋的受精率。合理搭配肉种鸭公母比例，可以最大限度地发挥肉种鸭的繁殖性能，通常肉种鸭适宜的公母比例为1∶(5～8)。公母鸭的配偶比例受到品种、年龄、季节、饲养管理及配种方法等因素的影响，在实际生产中可根据具体情况适当调整，一般来说，年轻公鸭比老年公鸭配种力强，母鸭比例可适当大些，公鸭在春季配种力强，母鸭比例要比其他季节大，公鸭营养状况好或者大群配种时，母鸭的比例同样可大些。

6. 收集种蛋

鸭习惯于3：00～4：00产蛋，早晨应该尽早收集种蛋，初产母鸭可在5：00拣蛋。饲养管理正常时，母鸭一般在7：00以前产完蛋，可依据产蛋时间固定每天早晨收集种蛋的时间，迟产的蛋也要及时拣走。若是迟产蛋数量超过总蛋数的5%，要检查饲养管理制度是否合理。炎热的季节种蛋需放凉后再入库，种蛋必须当天入库，凡是不符合种蛋要求的，不得入库。鸭蛋的破损率不能大于1.5%。

7. 搞好环境卫生

鸭舍、运动场和周围环境每天进行一次药物消毒，饲养员进入鸭舍需换上经过消毒的工作服。料槽、水槽应每天清扫，鸭舍内要保持干燥清洁，勤换垫料。

8. 建立稳定的管理程序，减少应激

肉种鸭产蛋期生活要有规律，采食后洗浴、交配、休息，不到处乱跑，夜间休息时静卧不动。所以，一定要保持操作规程和饲养环境的稳定，建立起一套稳定的作息制度，让鸭保持良好的生产性能。具体应该从光照时数、光照强度、喂料量、饲喂次数到拣蛋次数、拣蛋时间、种鸭的下水时间、卫生消毒等日常管理工作入手，将各项日常管理工作程序化，以免各种应激因素对种鸭产蛋产生不良影响。

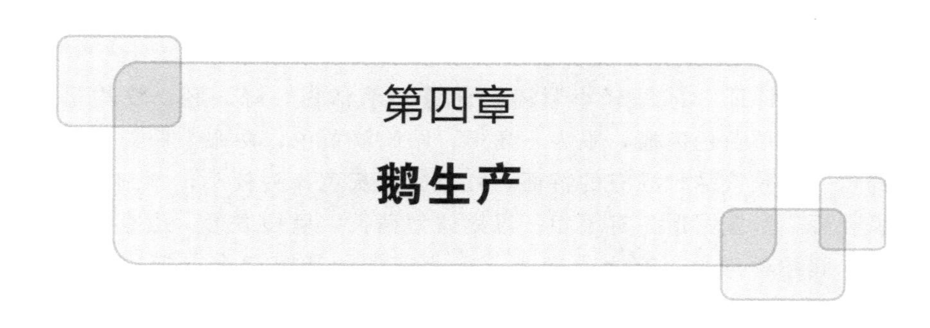

第四章 鹅生产

第一节 鹅品种的选择

一、我国地方鹅品种

目前我国鹅品种按羽色主要分为白羽和灰羽两类，按体重分可分为大型、中型和小型三类型。与鸭资源分布类似，我国鹅资源也主要分布在长江流域及以南地区。

视频：鹅羽毛的分类

（一）小型鹅品种

1. 太湖鹅

（1）产地与分布　原产于江浙两省沿太湖流域的县、市。

（2）外貌特征　体型较小，全身羽毛洁白，体质细致紧凑。体态高昂，肉瘤呈黄色、发达、圆而光滑，颈长、呈弓形，无肉垂，眼睑为淡黄色，虹彩灰蓝色，喙、跖、蹼呈橘红色。

（3）生产性能　成年公鹅体重约4330克，母鹅约3230克，初生重约为91.2克，70日龄上市体重约为2320克，棚内饲养则可约达3080克。母鹅性成熟较早，160日龄即能开产，1个产蛋期（当年9月至次年6月）每只母鹅平均产蛋60个，高产鹅群可达80～90个，高产个体达123个。平均蛋重为135克，蛋壳色泽较一致，几乎全呈白色。公母鹅配种比例为1∶6～7。种蛋受精率可达90%以上，受精蛋孵化率可达85%以上。

2. 豁眼鹅

（1）产地与分布　又称豁鹅，因其上眼睑边缘后上方的豁而得名。原产于山东莱阳地区，因其集中产区地处五龙河流域，故曾名五龙鹅。在中心产区莱阳建设有原种选育场。因为历史上曾有大批的山东居民移居东北，把这种鹅带往东北，所以东北三省现已是豁眼鹅的分布区。

（2）外貌特征　体型轻小紧凑，全身羽毛洁白，喙、胫、蹼均呈橘黄色，成年鹅有橘黄色肉瘤，眼为三角形，眼睑淡黄色，两眼上眼睑处都有明显的豁口，这是该品种独有的特征，虹彩呈蓝灰色，头较小，颈细稍长。公鹅体型较短，呈椭圆形，有雄相。母鹅体型稍长，呈长方形。山东的豁眼鹅有咽袋，腹褶者少数，有之也较小，东北三省的豁眼鹅多有咽袋及较深的腹褶。

（3）生产性能　公鹅初生重为70～78克，母鹅为68～79克；成年公鹅平均体重3720～4440克，母鹅3120～3820克；母鹅通常在210～240日龄开始产蛋，年平均产蛋为80个，在半放牧条件下，年平均产蛋在100个以上；饲养条件较好时，年产蛋达120～130个。最高产蛋纪录为180～200个，平均蛋重120～130克，蛋壳呈白色。公母鹅配种比例1∶5～7，种蛋受精率约85%，受精蛋孵化率80%～85%。母鹅利用年限为3年。

3. 乌鬃鹅

（1）产地与分布　原产于广东省清远市，故又名清远鹅。因其羽毛大部分为乌棕色，故得此名，也称墨鬃鹅。中心产区位于清远市北江两岸。

（2）外貌特征　体型紧凑，头小、颈细、腿短。公鹅体型较大，呈榄核形，母鹅呈楔形。大部分羽毛为乌棕色，从头顶部到最后颈椎有一条鬃状黑褐色的羽毛带。颈部两侧的羽毛呈白色，翼羽、肩羽、背羽和尾羽呈黑色，羽毛末端有较明显的棕褐色银边。胸羽为灰白色或灰色，腹羽为灰白色或白色，在背部两边，有一条从肩部直至尾根的2厘米宽的白色羽毛带，在尾翼间未被覆盖部分有白色圈带。青年鹅的各部位羽毛颜色较成年鹅深。喙、肉瘤、胫、蹼均呈黑色，虹彩棕色。

（3）生产性能　初生重约95克，70日龄体重约2850克，90日龄体重约3170克，料肉比为2.31∶1。母鹅140天左右开产，1年可分4～5个产蛋期，平均年产蛋30枚，平均蛋重144.5克。蛋壳呈浅褐色。公母鹅配种比例1∶8～10，种蛋受精率约87.7%，受精蛋孵化率约92.5%，雏鹅成活率约84.9%。

（二）中型鹅

1. 皖西白鹅

（1）产地与分布　中心产区位于安徽省西部丘陵山区和河南省固始一带，

主要分布在皖西的霍邱、寿县、六安、肥西、舒城、长丰等县及河南的固始等县。

（2）外貌特征　体型中等，体态高昂，气质英武，颈长呈弓形，胸深广，背宽平。全身羽毛洁白，头顶肉瘤呈橘黄色，圆而光滑无褶皱，喙呈橘黄色，喙端色较淡，虹彩灰蓝色，胫、蹼为橘红色，爪白色，约6%的鹅颌下带有咽袋。少数鹅个体头颈后部有球形羽束。公鹅肉瘤大而突出，颈粗长有力，母鹅颈较细短，腹部轻微下垂。

（3）生产性能　初生重约90克，成年公鹅体重约6120克，母鹅约5560克。皖西白鹅羽绒质量好，特别以绒毛的绒朵大而著称。平均每只鹅产羽毛349克，其中羽绒量40～50克。母鹅一般6月龄开产，年产2期蛋，年产蛋量约25个，3%～4%的母鹅年产蛋可达30～50个，群众称为“常蛋鹅”。平均蛋重142克，蛋壳呈白色，公母鹅配种比例为1∶4～5。种蛋受精率约为88.7%，受精蛋孵化率约为91.1%，健雏率为97.0%。公鹅利用年限3～4年或更长，母鹅为4～5年，优良者可利用7～8年。

2. 四川白鹅

（1）产地与分布　中心产区位于四川省温江、乐山、宜宾、永川和达县等地，主要分布于江安、长宁、翠屏区、高县和兴文等平坝和丘陵水稻产区。

（2）外貌特征　体型稍细长，头中等大小，躯干呈圆筒形，全身羽毛洁白，喙、胫、蹼呈橘红色，虹彩蓝灰色。公鹅体型稍大，头颈较粗，额部有一个呈半圆形的橘红色肉瘤；母鹅头清秀，颈细长，肉瘤不明显。

（3）生产性能　初生雏鹅体重约为71.10克，60日龄体重约2476克。母鹅200～240天开产，年平均产蛋量为60～80个，平均蛋重146克，蛋壳呈白色。公鹅性成熟期为180天左右，公母鹅配种比例1∶3～4，种蛋受精率85%以上，受精蛋孵化率为84%左右，无就巢性。

3. 扬州鹅

（1）产地与分布　产自江苏省扬州市。该鹅是由扬州大学培育而成的新品种。

（2）外貌特征　头中等大小，高昂；前额有半球形肉瘤，瘤明显，呈橘黄色；颈部匀称，粗细、长短适中；体躯方圆、紧凑；羽毛洁白，绒质较好，在鹅群中偶见眼梢或头顶或者腰背部有少量灰褐色羽毛的个体；喙、颈、蹼呈橘红色（略淡）；眼睑淡黄色，虹彩灰蓝色；公鹅比母鹅体型略大，公鹅雄壮，母鹅清秀。雏鹅全身呈乳黄色，喙、胫、蹼为橘红色。

（3）生产性能 初生重约 82 克，70 日龄仔鹅舍饲平均体重可达 4047 克。母鹅通常在 7～8 月龄开产，60 周龄入舍母鹅产蛋量（4 月留种，产蛋至次年 5 月）可达到 58～62 个，68 周龄入舍母鹅产蛋量（1 月留种，产蛋至次年 5 月）可达到 70～75 个。平均蛋重为 141 克，蛋壳呈白色。产蛋期成活率达 92%～94%，公母鹅配种比例 1∶4～5。种蛋受精率约为 92.1%，出雏率 87.2%。

（三）大型品种

1. 狮头鹅

（1）产地与分布 狮头鹅是我国唯一的大型鹅种，因其前额和颊侧肉瘤发达呈狮头状而得名。狮头鹅原产于广东饶平县溪楼村，现中心产区位于汕头市澄海区和汕头市郊。

（2）外貌特征 体型硕大，体躯呈方形。头部前额肉瘤发达，覆盖于喙上，颌下有发达的咽袋一直延伸到颈部，呈三角形。喙短，质坚实，呈黑色，眼皮凸出，多呈黄色，虹彩褐色，胫粗蹼宽呈橙红色，有黑斑，皮肤为米色或乳白色，体内侧有皮肤皱褶。背面羽毛、前胸羽毛及翼羽为棕褐色，由头顶至颈部的背面形成如鬃状的深褐色的羽毛带，腹部的羽毛为白色或灰色。

（3）生产性能 成年公鹅体重约 8850 克，母鹅约为 7860 克。母鹅 160～180 天开产，第 1 个产蛋年产蛋量约为 24 个，平均蛋重 176 克，蛋壳呈乳白色。两岁以上母鹅，平均产蛋量 28 个，平均蛋重 217.2 克，蛋形指数为 1.53。种公鹅配种一般都在 200 日龄以上，公母鹅配种比例为 1∶5～6。种蛋受精率为 70%～80%，受精蛋孵化率为 80%～90%，母鹅就巢性强，每产完 1 期蛋就巢 1 次，全年可就巢 3～4 次。母鹅可连续利用 5～6 年。

二、国外引进鹅品种

1. 莱茵鹅

（1）产地与分布 原产于德国，是欧洲产蛋量最高的鹅种，现广泛分布在欧洲各国。我国于 20 世纪 80 年代从法国引进莱茵鹅。

（2）外貌特征 体型中等偏小。初生雏背面羽毛呈灰褐色，2～6 周龄逐渐转变为白色，成年时全身羽毛洁白。喙、胫、蹼呈橘黄色。头上无肉瘤，颈粗短。

（3）生产性能 成年公鹅体重为 5000～6000 克，母鹅为 4500～5000 克，仔鹅 8 周龄活重可达 4200～4300 克，料肉比为 2.5～3.0∶1，莱茵鹅较适应大群舍养，是理想的肉用鹅种。但其产肝性能较差，平均肝重为 276 克。母鹅 210～240 天开产，年产蛋量为 50～60 个，平均蛋重为 150～190 克。公母鹅配种比例 1：3～4，种蛋平均受精率为 74.9%，受精蛋孵化率 80%～85%。

2. 朗德鹅

（1）产地与分布　又称西南灰鹅，原产于法国西南部靠比斯开湾的朗德省，是闻名世界的肥肝专用品种。

（2）外貌特征　毛色灰褐，在颈、背部接近黑色，在胸部毛色较浅，呈银灰色，到腹下部呈白色，也有部分白羽个体或灰白杂色个体、一般情况下，灰羽的羽毛较松，白羽的羽毛紧贴，喙呈橘黄色，胫、蹼为肉色，灰羽在喙尖部有一浅色部分。

（3）生产性能　成年公鹅体重达 7000～8000 克，成年母鹅体重达 6000～7000 克。8 周龄仔鹅活重可达约 4500 克。肉用仔鹅经填肥后，活重达到 10000～11000 克，肥肝质量达到 700～800 克。朗德鹅性成熟期约 180 天，母鹅通常在 2～6 月龄产蛋，年平均产蛋 35～40 个，平均蛋重 180～200 克。但其种蛋受精率不高，仅 65%左右，母鹅有较强的就巢性。

第二节　鹅的饲养管理

鹅生产在我国家禽饲养中占有独特的位置。随着居民消费水平的提高和饮食文化的发展，对鹅产品的消费日益增多。

一、雏鹅的饲养管理

雏鹅饲养管理的重点是培育出生长发育快、体质健壮、成活率高的雏鹅，为发挥出鹅的最大生产潜力、提高养鹅生产的经济效益奠定良好基础。雏鹅的育雏方式基本与雏鸭相同，这里就不再赘述，主要介绍不同之处。

1. 育雏前的准备

（1）育雏季节的选择　一般以秋季育雏较好，来年春季即开始产蛋，随后由于阳光、饲料充足，高产的鹅产蛋可持续较长时间。总体来看，我国北方地区大多选择 3～6 月份饲养雏鹅，苏南地区一般从早春二月开始，而苏北地区从晚春开始，华南地区一般多在春秋两季饲养雏鹅。饲料条件较好，育雏设备比较完善的鹅场，可以根据生产计划及栏舍的周转情况全年育雏。

（2）雏鹅的选择　健康的雏鹅通常是正常孵化日期出壳，个头大，绒毛细长、洁净、光亮；卵黄吸收良好，脐带收缩完全；眼睛灵活有神、反应灵敏、叫声响亮；用手握住颈部轻提起雏鹅时，两爪能迅速收缩并且挣扎有力；泄殖腔周围的绒毛无胎粪污染；跖和蹼伸展自如无弯曲；把雏鹅仰翻放置，雏鹅很快会翻身站起。同时，所选雏鹅的绒毛、喙、跖、蹼颜色等还应具有该品种的特征。通常雏鹅初生重：中小型品种约 100 克，大型品种约 130 克。

2. 雏鹅的饲养

（1）及时潮口与开食　雏鹅出壳后的第一次饮水称为“潮口”或“开水”，第一次吃料称为“开食”。潮口与开食要及时，而且潮口一定要在开食之前进行，否则会影响雏鹅的生长发育和成活率。雏鹅最佳潮口时间是出壳后 24～36 小时。当出现 2/3 雏鹅站立走动，伸颈张喙、有啄食现象时，就可以进行潮口，潮口的水温以 25℃为宜。若是较远距离运输回来的雏鹅，最好饮用 5%～10%的葡萄糖水或电解多维溶液，之后可改用普通清洁水，如若是较近距离运输回来的雏鹅，可在水中可加入 0.1%维生素 C，饮用一次后可改为清洁水。雏鹅潮口时间越早越好，否则会引起呛水暴饮现象，造成生理上酸碱失衡引发水中毒，死亡率极高。

潮口后即可开食。开食料可使用雏鹅配合饲料，或颗粒破碎料添加切碎的少量青绿饲料（比例为 1∶1），或者是煮得半生半熟（有硬心）的米饭加一些青绿饲料。青绿饲料要求新鲜，幼嫩多汁，以莴苣叶最佳。开食时，首先将配制好的全价饲料撒在整料薄膜或者草席上，引诱雏鹅自由啄食，随后再喂青料。这样可保证雏鹅食入的精饲料适量，避免因吃食青料过量，精料不足而引起排稀粪。第一次喂食不要求雏鹅吃饱，只要能吃进一些饲料即可。

（2）合理饲喂　雏鹅的消化系统尚不健全，消化机能较弱，因此，喂雏鹅时，每次不要喂得过多，只喂六七成饱。饲喂次序为先精饲料，后青粗饲料。夜间喂料能促进生长发育，增重较快。

3. 雏鹅的管理

（1）温度　适宜的温度有利于初生雏鹅的生长发育及成活率的提高。雏鹅保温是管理的重点。育雏温度是否合适，可以通过雏鹅的表现及食欲情况来断定。温度适宜时，雏鹅食欲旺盛，饮水正常，雏鹅分布均匀，安静无声；温度低时，雏鹅集中成堆，并且伴发出尖叫声，不食不饮、腹泻、死亡鹅增多；温度过高时，张口喘气、焦躁不安、饮水增多、采食量减少、不睡。雏鹅通常保温 2～3 周。脱温时要注意天气情况，做到逐步脱温。

（2）湿度　鹅虽然属于水禽，但是潮湿会影响雏鹅的健康生长和发育，特别是30日龄以内的雏鹅。所以，育雏室应具备良好通风、透光条件，舍内适宜的相对湿度在60%～70%，垫料经常更换，饮水用具固定放置并避免水外溢，注意通风换气等。

（3）适时分群　雏鹅喜欢聚集成群，特别是温度低时容易出现压伤、压死现象。因此雏鹅出壳后，应按体质强弱或是定期按大小分群饲养，来提高育雏期成活率。饲养人员要注意及时赶堆分散，特别在天气寒冷的夜晚更应注意适当提高育雏室内温度。雏鹅阶段一般每群以100～120只为宜。分群时，要注意密度。

（4）放牧和放水　雏鹅7日龄起可以适当放牧、放水，气温较低时可延迟到14日龄后进行。初次放牧和放水一定选择天气晴好，气温适宜的日子，喂饲后把雏鹅缓慢赶到牧草青嫩、水源较近的草地上活动，进行采食青草，放牧20～30分钟，之后将鹅赶至清洁的浅水池塘中，任其自由嬉水，放水约10分钟，赶上岸边整理羽毛，干后再赶回鹅舍。放牧和放水时间随着日龄的增加而逐渐延长。20日龄后白天可以全天放牧，晚上补料1～2次。切忌在阳光暴晒的中午放牧及放水，遇暴风雨应及时把鹅群赶回鹅舍或赶到避风遮雨的地方休息。

（5）卫生防疫　加强鹅舍的卫生和环境消毒工作。做到经常打扫场地，勤换垫料，保持用具和周围环境清洁，定期进行消毒。按时对雏鹅进行免疫接种。在日常管理中一经发现体质瘦弱、行动迟缓、食欲不振、粪便异常者、要及时挑出隔离，并对其加强饲养管理和对病雏进行治疗。

二、育成鹅的饲养与管理

雏鹅饲养至4周龄时即进入育成期，从4周龄开始至产蛋前为止，这段时间称为种鹅的育成期，这段时间的鹅称为育成鹅。育成鹅的饲养管理重点是以放牧为主，让鹅吃饱喝足。不同品种或品系的种鹅，其生产周期不同，同一鹅种或品系在不同地区，特别是纬度差异比较大时生产阶段划分也不同。

1. 育成鹅的生理特点

育成鹅具有消化机能旺盛，耐粗放饲养，生长速度快，合群性强，易于调教，喜戏水的生理特点。为此，要根据鹅育成期的生理特点，科学地制定出合理的饲养管理方案，对育出体质健壮、高产的鹅群具有重要的意义。

2. 育成鹅的饲养管理

（1）育成鹅的选择　选择生长发育正常，符合本品种特征的健壮公母仔鹅留作种用。选留种鹅时应在清晨进行。通常进行三次选择。第一次选择在育成期开始进行，选择的重点是选择体重大的公鹅，母鹅则要求具有中等的体重，淘汰那些体重较小、有伤残、有杂色羽毛的个体，公母鹅配种比例大型鹅为1∶2，中型鹅为1∶(3～4)，小型鹅为1∶(4～5)。第二次选择是在70到80日龄进行，可根据生长发育情况、羽毛生长情况以及体型外貌特征进行选择，淘汰生长速度慢、体型较小、腿部有伤残的个体。第三次选择在开产前一个月左右进行，此时鹅必须经过体型外貌鉴定与生殖器官检查，有条件地进行精液品质检查，符合标准者方可入选，以保证种蛋受精率。种母鹅要选择那些生长发育良好，体形外貌符合品种标准，第二性征明显，精神状态较好的留种。

(2) 限制饲养　种鹅饲养70天以后就要对其进行限制饲养，限饲方法主要有两种，一种是减少补饲日粮的喂量，实行定量饲喂；另一种是控制饲料的质量，降低日粮的营养水平。鹅限制饲养期以喂饲青粗饲料为主，少量有条件的可采用放牧的方式。限饲开始后，加大青粗饲料的比例，母鹅的日平均饲料用量一般比生长阶段减少50%～60%。青粗饲料主要有米糠、曲酒糟、啤酒糟等，降低饲料成本，防止脂肪沉积。在每天下午需要给鹅饲喂一些配合饲料，以改善饲喂青粗饲料所导致的营养成分缺乏的现象。

(3) 及时分群　在限饲阶段，每2周要对群体进行抽样称重，及时了解鹅群的体重情况，调整青粗饲料和配合饲料的使用量，如果发现体重偏低，要提高配合饲料的饲喂量，反之则降低配合饲料的饲喂量。应每天观察鹅群的精神状态、采食情况等，剔除伤残鹅，对弱鹅单独合群饲养，提高配合饲料的饲喂量。

(4) 加强运动　每天要将鹅驱赶到运动场上进行绕圈运动4～5次，每次10分钟，驱赶速度不能过快。种鹅育成期一般处于5～8月份，气温高，一般选择一天温度较低的时候进行运动。白天将鹅赶回舍内或在运动场上遮阳物下休息。有条件地给种鹅提供戏水和洗浴的场所。

(5) 做好卫生，定期进行疫病防控　每天清洗食槽、水槽，并更换垫料，保持垫料和舍内干净，2～3天清理粪便1次。每周进行带鹅消毒1次。按照种鹅免疫程序，定期对种鹅进行疫病免疫。

(6) 强制换羽　经过限饲的种鹅应在开产前60天左右进入恢复饲养阶段，此时种鹅的体质较弱，应逐步提高补饲日粮的营养水平，并增加喂料量和饲喂次数，一般经4～5周过渡到自由采食。经20天左右的饲养，种鹅的体重可恢复到限制饲养前的水平，种鹅开始陆续换羽。为了使种鹅缩短换羽时间，节约饲料，可在种鹅体重恢复后进行人工强制换羽，拔羽后应加强饲养管理，适当增加喂料量。公鹅的拔羽可比母鹅早2周左右进行，使育成鹅能整齐一致地进入产蛋期。

三、产蛋鹅的饲养管理

1. 增加营养

产蛋前期鹅已达体成熟和性成熟，鹅群已陆续开产并且产蛋率迅速增加，此阶段饲养管理的重点是关注产蛋率及蛋重的上升趋势，随之增加饲喂量和提高营养水平，尽快达到产蛋高峰。进入产蛋高峰期时，日粮中粗蛋白质水平应增加到19%～20%，如果日粮中必需氨基酸比较平衡，蛋白质水平控制在17%～18%也能保持较高的产蛋水平。

2. 饲养方式

种鹅多采用全舍饲的方式饲养。要加强戏水池水质的管理，保持清洁。舍内和舍外运动场也要每日打扫，定期消毒。遵守固定的饲养管理制度。

3. 控制光照

种鹅临近开产期，用6周时间逐渐增加每日的人工光照时间，使种鹅的光照时间（自然光照＋人工光照）达到16～17小时，此后一直维持到产蛋结束。不同地区、不同品种、不同季节自然光照时间有差异，需用人工光照代替自然光照。光照时间固定后，不能忽停，光照度不可时强时弱，只许渐强，否则产蛋鹅的生理机能将受到干扰，影响产蛋率。

4. 适宜的公母配比

在自然交配条件下，小型鹅种公母比例为1∶(6～7)，中型鹅种公母比例为1∶(5～6)，大型鹅种公母比例为1∶(4～5)。冬季的配比应低些，春季可高些。

5. 固定产蛋地点

为了便于捡蛋，必须训练母鹅在鹅舍固定地点产蛋，特别对刚开产的母鹅，更要多观察训练。在鹅开产前半个月左右，应在鹅舍内墙周围设置产蛋箱（窝），在产蛋箱（窝）内人为放进1个“引蛋”，诱导母鹅在产蛋箱（窝）内产蛋。

6. 及时收集种蛋

母鹅产蛋大多数在1：00～8：00。因此，在早晨3：00以后，需要收集种蛋3～4次。勤捡蛋可降低破损率、减少污染、防止种蛋受冻，有利于保持种蛋的质量。

7. 控制就巢性

许多鹅品种在产蛋期间都表现出不同程度的就巢性，一旦就巢，该鹅停止产蛋，严重影响产蛋性能。生产中，如果发现母鹅有恋巢表现时，应及时隔离，关在光线充足、通风、凉爽的地方，只给饮水不喂料，2～3天后喂些干草粉、糠麸等粗饲料和少量精料，使其体重不过度下降，待醒抱后能迅速恢复产蛋。也可购买醒抱的药物，一旦发现母鹅抱窝时，立即用药，有较明显的醒抱效果。

8. 环境卫生管理

改善鹅舍的通风透气性能，防止过分潮湿和氨气含量超标，注意防寒和气候变化，防止忽冷忽热。保持安静，防止噪声和骚扰。保持合适的饲养密度，防止拥挤。避免大幅度的调整饲料品种或降低营养水平，杜绝饲喂霉变或劣质饲料。保证饲养人员和作息时间的相对稳定。避免在鹅舍内追逐捕捉病鹅，尽量避免对全群鹅进行注射治疗，免疫接种应在开产前完成。

四、休产鹅的饲养管理

种鹅经过7～8个月的产蛋期，产蛋明显减少，蛋形变小，畸形蛋增多，不能用于孵化。公鹅性欲下降，配种能力变差。此时，羽毛干枯脱落，陆续进行自然换羽，种鹅开始进入休产期。

1. 整群与分群

种鹅进入休产期时，要将伤残、患病、产蛋量低的母鹅淘汰，并按比例淘汰公鹅。同时，为了使公母鹅能顺利地在休产期后达到最佳的体况，保证较高的受精率，以及保证活拔羽绒及其以后管理的方便，要将种鹅整群后公母分开饲养。

2. 强制换羽

种鹅停产换羽开始后，应饲喂青粗饲料为主，少量或不喂精料，并停止人工光照，可以促进体内脂肪的消耗，促使羽毛干枯，容易脱落。为了缩短换羽时间，对鹅每天喂料1次，改为隔天1次，逐渐转为3～4天喂1次，在停料期间，自由饮水。经过12～13天后，体重减轻30%左右，主翼羽和主尾羽出现干枯现象时，可恢复喂料。

恢复喂料2～3周，待体重逐渐回升，在饲养1个月之后，就可以人工拔羽，通过人工拔羽缩短母鹅的换羽时间，提前开始产蛋。公鹅人工拔羽时间要比母鹅早 20～30 天，目的是使公鹅在母鹅产蛋前，羽毛能全部换完，确保正常的配种。

3. 拔羽后的管理

拔羽需在晴天进行，避免雨天。拔羽后鹅群应圈养在舍内，或在舍外运动场采食、饮水、休息，避免鹅群下水，防止细菌感染引起毛囊炎症。在舍外时，要避免烈日暴晒和淋雨。根据羽毛生长情况酌情补料，保证种母鹅在开产时，公鹅能正常配种，两者的步调要尽量协调一致。

4. 休产期饲养管理要点

进入休产期的种鹅应以青粗饲料为主，将产蛋期的日粮转变为育成期日粮，其目的是消耗母鹅体内的脂肪，提高鹅群耐粗饲的能力，降低饲养成本。

五、商品仔鹅的饲养管理

商品仔鹅是利用配套系杂交或纯种繁育、集约化饲养、批量生产的肉用仔鹅，一般将雏鹅饲养至 70 日龄上市，体重在 3.5 千克以上。商品仔鹅生产主要分为育雏阶段、育成阶段和育肥阶段。

1. 商品仔鹅的生产特点

（1）早期生长速度快　一般肉用仔鹅出壳体重在 100 克左右，上市时体重可达 3.25～4 千克以上，增加了 30～40 倍以上。

（2）有明显的季节性　由于鹅的繁殖具有季节性，虽然现在出现了反季节鹅苗生产，但是主要繁殖季节仍为冬、春季节。因此，肉用仔鹅的生产大多集中在每年的上半年。

（3）耐粗饲、耗粮少　鹅是草食性动物，耐粗饲，可以饲喂一定比例的青饲料和粗饲料，降低精饲料的使用量，节约饲养成本。

（4）周期短、周转快　肉用仔鹅在 70 日龄即可上市，若全年集约化养殖，一年可生产 4～5 批。

（5）投入低、效益高　饲养仔鹅所需的禽舍和设备简单，且鹅抗病力比鸡、鸭强，所用饲料成本低，净收益比饲养肉用仔鸡、鸭高。

2. 育雏期的饲养管理

商品仔鹅雏鹅的选择应符合本地区的自然习惯、饲养条件和消费者要求。选择适合本地区饲养的品种或杂交品种。纯种的选择主要有皖西白鹅、浙东白鹅等中、大型鹅品种，具有生长速度快、同料转化率高等优点。健雏的选择方法、饲养管理要求与种鹅的育雏要求相同。

3. 育成期的饲养管理

（1）饲喂全价配合饲料　育成期要让鹅的骨骼和肌肉得到充分发育，需要提供满足生长发育所需要的营养物质。一般日粮中粗蛋白质为 18%～20%、代谢能 11.72～12.76 兆焦耳/千克，增重效果、胴体品质和饲料报酬都较好。

（2）提供适宜的环境条件　育成期的适宜温度范围是 10～25℃，相对湿度为 50%～60%，注意通风换气，保持舍内空气清新，氨气浓度低于 20 毫克/立方米。光线过亮，会抑制仔鹅的生长发育；光线暗些可使鹅群安静，减少活动量，降低能量消耗，有利于快速生长。密度控制在 5～10 只/平方米。

（3）卫生防疫　商品仔鹅一般都是高密度饲养，一旦发生疫病，传播很快，很难根除。因此，在养殖过程中要加强疫病防控，杜绝外来病原。在育成前后，都要对鹅舍进行清扫，用水冲洗干净，然后用消毒液喷雾消毒，干燥后才能使用。

4. 育肥期的饲养管理

商品仔鹅经过育成后，骨骼和肌肉发育比较充分，但是膘情不好，肉质不佳，为此在上市前应进行为期 2 周的育肥饲养。

（1）育肥期饲养管理　育肥期间主要靠配合饲料达到育肥的目的，也可以饲喂高能量的日粮，适当补充一部分蛋白质饲料。在整个育肥期间，要限制鹅的活动，在光线较暗的禽舍内进行，减少外界环境因素对鹅的干扰，让鹅尽量多休息。每平方米饲养 4～6 只，每天喂料 3～4 次，使体内脂肪迅速沉积，同时供给充足的饮水，增进食欲，帮助消化，经过 2 周左右即可上市。也可以通过强制填饲来快速育肥，一般做法是将配制的日粮或以玉米为主的混合料经过处理后，通过人工填饲或机器填饲的方法，将饲料送入鹅的食管膨大部，每天固定的时间填饲一定的日粮，使得鹅体重快速增加，一般需要填饲 10 天左右，即可达到理想的上市体重。

（2）肥度判断　肥度的标准主要根据鹅翼下两侧体躯皮肤及皮下组织的脂肪沉积程度来鉴定。若摸到皮下脂肪增厚，有板栗大小、结实、富有弹性的脂肪团者为上等肥度；若脂肪团疏松为中等肥度；摸不到脂肪团而且皮肤可以滑动的为下等肥度。

六、鹅活拔羽绒生产

鹅的活拔羽绒是根据鹅羽绒的自然脱落和再生的特点，在基本不影响产肉、产蛋性能的前提下，采用人工强制的方法，从活鹅身上直接拔取羽绒的技术。鹅活拔羽绒可以提高养鹅的经济效益，还有利于提高羽绒的质量。

1. 鹅羽毛的类型

羽毛根据外表性状不同，可分为毛片、绒羽和翎羽等。根据颜色又可以分为白色、灰色，以白羽绒价值最高。

2. 活拔羽绒鹅的选择

体质比较健壮的任何品种成年鹅，一般为3个月以上，不论公母，都可以进行活体拔毛。选择活拔羽绒鹅时还要注意当地的气候、养鹅的季节，尽可能做到不影响种鹅产蛋、配种、健康和肉用仔鹅生长发育。

3. 活拔羽绒前的准备

（1）鹅体准备　初次拔毛的鹅在拔羽绒前几天，要进行抽样检查。若是绝大部分羽绒毛容易拔下，并且毛根已干枯，没有未成熟的血管毛，说明羽绒毛已经成熟，这时是活拔羽绒的适宜时期。否则就要再饲养一段时间，等到羽绒毛长至成熟时再拔。拔羽绒前一天晚上要停料、停水，避免拔羽过程中鹅因受到机械刺激，不时排粪污染羽绒。对于羽绒不洁的鹅，可以在清晨让鹅群下河洗澡，随即赶鹅上岸让其沥干羽毛后再进行拔毛。拔羽绒前还要对鹅群再进行一遍检查，剔除体质瘦弱、发育不良、体型明显偏小的鹅。

（2）场地和设备准备　选择天气晴朗、温度适宜的天气拔羽绒。场地要避风向阳，避免鹅绒随风飘失。地面打扫干净后，可以铺上一层干净的塑料薄膜或者旧报纸，以免羽绒被尘土污染。准备围栏和放鹅毛的容器，可以用硬的纸板箱或者塑料桶。再准备一些布口袋，将拔下的羽绒集中到口袋中贮存。另外，还要准备些凳子、秤，消毒用的碘伏、药棉等。拔毛环境内的相关器具总的要求是光滑细腻、清洁卫生、不勾毛带毛、不污染羽绒。

4. 活拔羽绒步骤

（1）鹅体保定方法

① 双腿保定。操作者坐在凳子上，把鹅体固定住，双爪绑起来，将鹅头朝向操作者，背置于操作者腿上，用双腿夹住鹅，之后开始拔羽。此种方法易掌握和操作，较常用。

② 半站立式保定。操作者坐在凳子上，用手抓住鹅颈上部，让鹅呈直立姿势，使双脚踩在鹅双爪的趾或蹼上面，也可以踩在鹅的双翅上，让鹅体向操作者前倾，随后开始拔羽。这种方法比较省力，安全。

③ 卧地式保定。操作者坐在凳子上，右手抓鹅颈，左手抓住鹅的双爪，将鹅伏着横放在操作者前的地面上，用左脚踩在鹅颈肩交界处，然后开始拔羽。此种方法比较牢固，但是掌握不好，易使鹅受伤。

④ 专人保定。由 1 人专门做保定、1 人拔羽，此方法操作最为方便、安全、牢固，但是需较多人力。

（2）活拔羽绒部位　鹅的颈下部和肩部、胸部、腹部、两肋、背部绒毛均可活拔，这些部位羽绒较多。但是头部、颈上部、翅、尾部的绒毛不能活拔。

（3）活拔羽绒方法

① 毛、绒齐拔法。先从颈的下部、胸的上部开始拔起，从左到右，从胸至腹，一排排紧挨着用拇指、食指和中指捏住羽绒的根部往下拔。拔羽时注意不要贪多，拔羽方向宜顺拔或者逆拔，但是以顺拔为主，以防止撕裂皮肤。拔绒朵时，手指要紧贴皮肤，捏住绒朵基部，避免拔断而成为飞丝，降低绒羽的质量。胸、腹部的羽毛拔完之后，再拔体侧、腿侧及尾根旁的羽绒，拔完后把鹅从人的两腿下拉到腿上面，左手抓住鹅颈下部，右手同时拔颈下部的羽毛，之后拔翅膀下的羽毛。拔下的羽绒要轻轻放入身旁的容器中，盛满后再及时装入布袋中，装满装实后用细绳子把袋口扎紧贮存。此种方法简单易行，但是毛片和绒朵混合一同出售，分级困难，影响售价。

② 毛、绒分拔法。先用三指把鹅体表的毛片轻轻地由上而下全部拔光，装到专用容器，然后再用拇指和食指平放紧贴鹅的皮肤，从上而下将留在皮肤上的绒朵轻轻地拔下，放在另外一只专用容器中。通常熟练的技术人员拔 1 只鹅的羽绒需要 4～5 分钟。这种方法先拔毛片，然后再拔绒朵，分级出售，按质计价，能够充分提高羽绒的利用率和价值，更受买卖双方的欢迎。

③ 活拔羽绒中出现的问题及处理方法。血管毛多，较大毛片难拔：拔毛时，如果遇到大片的血管毛或者难拔的较大毛片，若是能避开，可避开不拔，如果不能避开，应该将其剪短。当剪血管毛或是较大的毛片时，只能使用剪刀一根一根从毛根部剪断，注意不要剪破皮肤和剪断绒朵。

鹅挣扎：在刚开始拔羽绒时，毛孔紧缩，鹅可能挣扎，此时要注意抓紧，防止挣扎时断翅或者发生其他意外事故。但是也不能抓得过紧，压迫过猛，避免使鹅窒息过久而引起死亡。

伤皮、出血：拔毛过程中，如果误拔血管毛引起出血或者小范围破皮，可擦些碘伏或是用消毒棉蘸取 0.2%高锰酸钾溶液涂擦。对于皮肤拔破严重，为了防止感染，涂药水后应先在室内饲养一段时间后再放牧和下水。伤口未愈合前禁止下水，避免雨淋，以免伤口感染。

羽绒根部带肉：健康的鹅拔毛时羽绒根部是不会出现带肉质的情况。如遇到少许羽绒根部带肉时，可以稍微放慢拔羽的速度；如果鹅表皮出现轻微血点，拔后涂些碘伏；若是大部分羽绒都带有肉质，说明这只鹅营养不良，应该暂停拔毛，待喂养育肥后再拔。

出现“脱肛”现象：由于拔羽绒时鹅受刺激强烈，有极少数鹅会出现“脱肛”现象。一般不需要任何处理，1～2 天后就能自然地收缩恢复正常。若是发现肛门溃烂或水肿，可使用 0.2%高锰酸钾溶液涂抹患处数次，经 1～2 天便可治愈。

5. 羽绒的包装与贮存

羽绒的包装大多采用双层包装，即内衬厚塑料袋，外面套塑料编织袋，包装时要尽量轻拿轻放，包装后分层用绳子扎紧。羽绒要放在干燥、通风的室内贮存。贮藏时要注意防潮、防霉、防蛀、防热。羽绒包装与贮存时要注意分类、分别标志，分区放置，避免混淆。

6. 鹅活拔羽绒后的饲养管理

活体拔毛对于鹅来说是一个比较大的刺激，会导致其精神状态和生理机能都会发生一定的变化：精神委顿、活动减少、喜站不卧、行走摇晃、胆小怕人、翅膀下垂、食欲减退等，个别鹅甚至会发生体温升高、脱肛。一般情况下，以上反应在第二天可见好转，第三天基本恢复正常，通常不会引起生病或者造成死亡。经历活拔羽绒，鹅体失去了一部分体表组织，对于外部环境的适应能力和抵抗力都有所下降。为了确保鹅群的健康，让其尽早恢复羽毛生长，应加强拔羽绒后鹅的饲养管理。

（1）提供一个适宜的生活环境　刚拔完羽绒的鹅要立即轻轻放下，让其在舍内自行采食和饮水，尽量在鹅舍内多铺些干净的垫草，保持温暖干燥，避免鹅的腹部受潮受凉。此外，拔毛鹅不要急于放入未拔毛的鹅群中。

（2）防止刚拔完毛的鹅日晒和下水　刚拔完毛的鹅全身皮肤裸露，3 天内不宜在强烈阳光下放养，7 天内不要让鹅下水及淋雨。在夏季 1～3 天内还要防止蚊虫叮咬。7 天之后，皮肤毛孔已经闭合，恢复让鹅下水和放牧。

（3）加强营养　拔取羽绒后，鹅体不但需要维持体温和各器官所需的营养，还需要较多的营养成分提供给羽绒的生长发育，所以拔毛后应该加强鹅的营养，拔羽绒后 1～7 天内饲料中适当补充精饲料，提高蛋白质的含量，补充微量元素，促进羽绒生长发育。另外，还应添加些青绿饲料。7 天以后减少精料，增加粗饲料，多提供一些青绿饲料。若是放牧，最好去牧草丰盛的地方，让鹅吃好，另外应适当给予补饲。

（4）精心管理　活拔羽绒后要密切观察鹅只的动态，若是发现活拔毛后的鹅摆头、鼻孔甩水、不食甚至出现不喝水等病态，要及时诊治。拔取羽绒时，如若拔破皮肤，应及时上药防止感染。

第五章
家禽常见传染病的诊断与防治

第一节　病毒性传染病的诊断与防治

禽流感

视频：禽流感

禽流感是由禽流感病毒感染引起的家禽和野禽的一种从无症状、不同程度呼吸系统症状到严重全身性败血症等多种症状的高度接触性传染病。现已证实禽流感病毒可以由家禽直接传染人，引起人的发病和死亡，所以该病的诊断与防治具有重要的公共卫生意义。

【病原】

禽流感病毒，属正黏病毒科，流感病毒属的成员。依据流感病毒核酸蛋白和基质蛋白抗原性，将其分为A、B、C三个血清型，其中B、C两型仅能对人和少量的猪致病，A型能使猪、马、禽等多种动物和人致病。禽流感病毒属于A型流感病毒，列为禽流感病毒类。成熟的A型流感病毒粒子的直径是80～120纳米，呈球形。截至目前，A型流感病毒的血凝素已发现16种，分别命名H1～H16；神经氨酸酶已发现9种，分别命名N1～N9。HA和NA可以通过不同的组合，产生不同亚型的毒株，并且各亚型之间无交互免疫力。依据A型流感各亚型毒株对禽类的致病性不同，可以将禽流感病毒分为高致病性病毒株、低致病性病毒株和不致病病毒株。历史上高致病性禽流感病毒多是H_5和H_7亚型引起的，低致病性禽流感往往是H9亚型。

禽流感病毒可以在鸡胚中增殖，通过尿囊腔接种后，置于35～37℃培养箱培养36～72小时后，病毒量可达最高峰，可以通过红细胞凝集试验和细胞病变来测定。病毒能凝集鸡和某些哺乳动物红细胞，并且此凝集能被特异性抗血清所抑制，这一特性用作病毒鉴定和流行病学调查。

病毒对紫外线敏感，对于热的抵抗力较差，加热60℃ 10分钟或者70℃ 2分钟可被灭活，对大多数防腐消毒药和去污剂敏感。在干燥尘埃中可存活2周，在40℃条件下可保存数周，在冷冻的禽肉和骨髓中可以存活长达10个月。冻干或者甘油中保存可使病毒存活数年。

【流行特点】

禽流感病毒能感染很多种类的家禽和野禽，家禽中以鸡和火鸡的易感性最高。病禽是最主要传染源，病毒可以通过病禽的排泄物、分泌物及尸体等污染饲料、饮水和空气，经过消化道、呼吸道、伤口及眼结膜等引起传染。场外人员和车辆的来往也是不可忽视的因素。病禽的种蛋带毒，并经卵垂直传播。

不同毒株的禽流感病毒致病性差异很大，在自然条件下，高致病性毒株引起鸡群的发病率和死亡率可达到100%；可有些毒株引起的发病率虽高，但病死率较低。饲养管理不当，鸡群状况不良及环境应激因素都可使发病情况加重，甚至出现并发感染，使死亡率升高。

【临床症状】

潜伏期一般为3～5天，短的仅仅几小时。潜伏期的长短与病毒的致病力、感染强度及途径、禽的种类和年龄有关。

高致病性毒株引起的禽流感表现为发病突然，病鸡往往无明显症状而迅速死亡，死亡一般发生在感染后1～2天。亚急性病例主要表现为：精神沉郁，不食，口渴，不愿走动，羽毛松乱，翅膀下垂；鸡冠及肉髯呈暗紫色，眼睑、肉髯和跗关节肿胀；眼结膜发炎，分泌物增多；鼻腔有黏性分泌物，病鸡常摇头，企图甩出分泌物，严重者可引起窒息；排白色或绿色稀粪，母鸡产蛋停止；有时病鸡出现神经症状，表现共济失调和眼盲。病死率可达50%～100%。

低致病性毒株引起家禽的发病症状包括：精神沉郁，不愿运动，羽毛松乱；采食下降，消瘦，母鸡产蛋减少；表现出轻度至严重的呼吸道症状，咳嗽、喷嚏，出现啰音；流泪，头及面部水肿，皮肤发绀；腹泻、出现神经症状等。以上症状可能单独出现或者同时出现几种。病死率为10%～15%。

【病理变化】

病理变化因感染病毒株和家禽种类的不同而有差异。低致病性毒株感染的病鸡表现为轻微的鼻窦炎，鼻窦中出现卡他性、纤维素性、黏液脓性或者干酪性炎症。有的病鸡气管黏膜轻度水肿，伴有不同程度的浆液性或干酪样渗出物。肠道出血。少数的病禽出现纤维性腹膜炎及卵黄腹膜炎。产蛋鸡的卵泡变形、萎缩、出血，输卵管出现渗出物。

高致病性毒株感染的病鸡主要表现肌肉、组织器官黏膜和浆膜、脂肪的广泛性出血。腺胃黏膜层增厚，腺胃乳头及黏膜、肌胃角质膜下层、十二指肠黏膜、胸肌、胸骨内面、颅骨、腹部脂肪和心外膜有点状出血。肾、脾及肝有灰黄色坏死灶。胰腺有灰白色坏死灶。喉头、气管、肺出血。心包积液，有纤维性渗出物。

【诊断】

根据流行病学、临床症状和病理变化，可以作出初步诊断，但是确诊必须依靠实验室进行病毒分离鉴定和血清学试验。

对于高致病性禽流感疫情诊断，应该严格规范四级疫情诊断程序，即为专家临床初步诊断，省级实验室确认疑似，国家参考实验室毒型鉴定，农业农村部最终确认和公布。

【预防与措施】

（1）生物安全措施

① 鸡场实行“全进全出”，避免不同日龄的鸡群混养，切断流感病毒在鸡群中的传播，特别要注意鸡与水禽或其他鸟类不能饲养在同一养殖场中。

② 鸡场的人员、车辆和物品等（尤其是来自疫区的）要严格控制，彻底消毒后，方可允许进入鸡场。

③ 做好定期消毒工作，特别是对禽舍进行带禽消毒。任何被粪便污染的物品都能传播本病。

④ 预防其他并发疾病的发生。做好新城疫、传染性支气管炎、传染性喉气管炎、马立克氏病等的免疫接种，一定使禽群保持较高水平的新城疫血凝抑制（HI）抗体滴度，定期用弱毒疫苗点眼、滴鼻或喷雾免疫以加强禽只呼吸道局部的特异性免疫力，对减少禽流感的发生有一定的作用。

⑤ 注意减少应激。

（2）免疫接种

目前我国防控 H5N1 亚型禽流感主要应用的疫苗有两种，即重组禽流感病毒灭活苗 H5N1 亚型，Re-1 株和 Re-4 株。二者联合，其保护效果良好，但如果疫苗免疫抗体水平小于 2^6 则仍有可能发生亚临床感染甚至出现零星发病。对于蛋鸡和种鸡，H5 和 H9 亚型禽流感均能造成较大的经济损失，更推荐使用 H5-H9 二价灭活疫苗。对于肉禽，则只需进行前 2 次免疫即可。

（3）发病后措施

① 高致病性禽流感的控制。发现可疑的高致病性禽流感病例时，必须立

即向当地动物防疫监督机构报告。一旦疫情得到确认，应按《高致病性禽流感疫情应急实施方案》执行。

② 低致病性禽流感的控制。采取隔离、消毒、治疗及禽流感疫苗紧急接种，可减少经济损失。但在发病期间，如进行新城疫、传染性支气管炎、传染性喉气管炎等弱毒疫苗的接种，往往会增加禽群的死亡数，尤其是将该病误诊为新城疫并用新城疫Ⅰ系疫苗紧急接种时，死亡数明显增加。目前对低致病性禽流感尚无特效药物治疗，主要有以下两种治疗方法：

盐酸金刚烷胺：混饮，每升水加入 0.05～0.1 克，连用 5～7 天。金刚烷胺常与阿司匹林配合使用，每吨饲料金刚烷胺添加 50 克、阿司匹林添加 100 克。金刚烷胺和金刚乙胺是治疗禽流感病毒的首选药物，效果好于病毒唑，必须配合抗菌药物，如头孢菌素、恩诺沙星、环丙沙星或多西环素等。注意用药要及时，剂量不必太大，按正常推荐量即可，用药时间最好连续 5 天。若与中药配合使用，则效果更好，如抗病毒冲剂（板蓝根 50 克、黄芪 50 克、金银花 50 克、蒲公英 100 克、大青叶 50 克）、双黄连口服液等。

干扰素：每千克体重 2 万国际单位（IU），肌内注射或饮水，对急性发病早期的轻症病例有一定疗效。

新城疫

新城疫又称伪鸡瘟或亚洲鸡瘟，我国民间俗称“鸡瘟”。该病传播快，死亡率高，是危害养禽业的重要疫病之一。该病流行于世界各养禽国家，我国也有发生。

视频：新城疫

【病原】

新城疫病毒属于副黏病毒科副黏病毒亚科腮腺炎病毒属的成员，为单股负链 RNA 病毒。该病毒有囊膜，囊膜表面有两种纤突，都由糖蛋白组成，分别具有血凝素和神经氨酸酶活性。血凝素可以吸附某些禽类（鸡、火鸡、鸭、鹅等）和某些哺乳动物（人、小白鼠、豚鼠等）的红细胞表面受体，使红细胞凝集，并且这种凝集现象可被特异性血清所抑制。这种血凝和血凝抑制现象，经常用作病毒的诊断与鉴定及流行病学调查。新城疫病毒只有一个血清型，但是毒力变化范围较大。新城疫病毒广泛存在于病鸡的组织器官、体液、分泌物和排泄物中，其中以脑、脾、肺含毒量最高，骨髓带毒时间最长。新城疫病毒可以在鸡胚中生长增殖，通过尿囊腔接种于 9～11 日龄鸡胚，强毒株会使鸡胚在 30～72 小时死亡，弱毒株 3～6 天死亡，鸡胚全身出血，以头、足和翅出血最为明显，尿囊液清亮，内含大量病毒，呈现较高的血凝性。新城疫病毒对乙醚、氯仿敏感，60℃ 30分钟可使其失去活性，阳光直射30分钟死亡。在冷冻的尸体中可存活6个月以上，真空冻干30℃可以保存30天。常用的消毒药（1%来苏儿、5%碘酊、2%氢氧化钠、5%漂白粉、75%酒精）能杀死病毒。

【流行特点】

病鸡是主要传染源，在出现症状前24小时，就通过口、鼻分泌物和粪便排出病毒。轻症病鸡和隐性带毒鸡，也是危险的传染源。该病主要通过呼吸道和消化道传播，带毒种蛋、受伤的皮肤和交配也可引起传染。野禽、体外寄生虫等都可传播病原。

鸡、火鸡、珠鸡、鹌鹑、鸽等对本病都易感，但其中以鸡最易感。不同年龄鸡的易感性也不同，幼雏和中雏最易感，病死率也高，2年以上的鸡易感性较低。

鸭、鹅对本病有一定抵抗力，但2000年以后出现鸭、鹅感染病例。一些鸟类带毒并能引起自然发病。哺乳动物对本病不易感。

该病一年四季均能发生，但以春秋季多发。污染的环境和带毒的鸡群是引起该病流行的主要原因。易感动物一旦被嗜内脏速发型新城疫病毒所感染，便迅速传播，引发地方流行，发病率和病死率可达90%以上。

【临床症状】

潜伏期一般为3～5天，最长可达2周以上。根据临床表现和病程可将该病分为最急性、急性和慢性三型。

（1）最急性型　多见于流行的初期和雏鸡。发病突然，常常无特征症状而迅速死亡。

（2）急性型　病鸡体温升高达43～44℃，食欲减退、消失，渴欲增加。羽毛松乱、无光泽，垂头缩颈，翅膀下垂，冠和肉髯发绀，眼半闭或全闭、似昏睡状。母鸡产蛋量大幅度下降或停止。伴随病程发展，出现较典型的症状：病鸡咳嗽，常伸颈、张口呼吸，发出“咯咯”的喘鸣声或尖锐的叫声。口角有黏液流出，为消除黏液，病鸡常常摇头和吞咽，嗉囊膨胀，积有气体和多量酸臭液体。粪便稀薄，呈黄白或黄绿色，有的混有少量血液，病程后期排泄物呈蛋清样。有的病鸡还出现神经症状，表现翅、腿麻痹，头颈歪斜或后仰，作转圈运动等。病程2～6天，死亡率可达90%以上。

（3）慢性型　往往是由急性型转来。病情较缓，大多表现出神经症状：病鸡翅、腿麻痹，跛行或是站立不稳，颈部麻痹继而出现头颈扭曲；有的病鸡貌似正常，当受到惊动时，突发倒地抽搐，原地打转，数分钟后恢复正常。大多数病鸡因采食困难而逐渐消瘦。病程为10～20天。此型多出现在流行后期的成年鸡，病死率较低，部分病鸡耐过后往往留下神经后遗症。

近些年还出现非典型性新城疫，其发病率不超过60%，病死率不高。病雏表现为精神沉郁，羽毛凌乱，采食量下降，伸颈呼吸并且发出“呼噜”声。嗉囊内蓄积黏液，常常摇头和吞咽动作。少数病雏也还表现出头颈歪斜、角弓反张甚至原地转圈等神经症状。非典型性新城疫出现主要是与免疫不当；鸡舍里存在强毒；疫苗等因素有关。

【病理变化】

本病特征性病理变化是全身黏膜和浆膜出血，以呼吸道和消化道最为严重。

（1）最急性型　往往无明显病变，有的仅在胸骨内侧面和心冠脂肪等处有出血点。

（2）急性型　急性型的病变具有特征性：腺胃黏膜水肿，乳头或者乳头间黏膜上可见出血点，有的形成溃疡，特别在腺胃与肌胃或食管与腺胃交界处尤为明显，肌胃角质膜下常常有出血点；十二指肠和泄殖腔黏膜出血，伴随出现纤维素性坏死；喉头、心脏冠状沟和腹部脂肪等也常伴有出血点；盲肠扁桃体肿胀、出血及坏死；脑膜充血或者出血；产蛋鸡的卵泡和输卵管明显充血；肝、脾、肾往往无明显病变。

（3）慢性型　病变表现为：腺胃轻微出血，有的可见有肠卡他或者盲肠根部黏膜轻度溃疡、有假膜附着；有的表现出气囊炎、肺出血和充血及呼吸道的其他非特征性病变。雏鸡的病变主要表现在全身黏膜，尤其是呼吸道黏膜的卡他性炎症；喉头充血，并且有大量黏液；气管内有多量泡沫状液体，黏膜出血、充血；肺充血、水肿。

【诊断】

根据流行情况，临床症状和特征性病理变化作出初步诊断。若是确诊，还需进行病原学和血清学诊断。

（1）病原学诊断　病毒分离鉴定选取病料最好是发病初期或潜伏期病鸡的气管黏膜、肺及脾，流行中后期选取脑组织和骨髓，处理病料接种于9～11日龄鸡胚尿囊腔内。如果组织病料中含有新城疫病毒，通常在接种后2～5天鸡胚死亡。同时也可以进行细胞培养，如有新城疫病毒时，则细胞出现病变。将收获的鸡胚尿囊液或者细胞培养液进行血凝（HA）试验，若反应为阳性，再用新城疫病毒的阳性血清进行血凝抑制（HI）试验，若血凝现象被阳性血清抑制，即可确诊为新城疫。

（2）血清学诊断　常见的有酶联免疫吸附试验（ELISA）、免疫荧光试验、血凝和血凝抑制试验（HA/HI）等。

（3）基因诊断　做PCR检查进行核酸序列分析，不仅可以确诊，还可以鉴别强弱毒株。

【预防与控制】

目前新城疫没有有效的治疗方法，控制它的发生只能采取综合防疫方法。

（1）生物安全措施　采用全进全出的饲养管理方式，制定严格的卫生防疫制度。严禁从疫区引进种蛋和鸡苗，防止一切带毒动物尤其是鸟类及污染物品进入鸡群。出入的人员和车辆应消毒，饲料来源要安全。

（2）免疫接种　我国使用的新城疫疫苗大体分为三大类：活疫苗、灭活苗和基因工程疫苗。

活疫苗有4种，即Ⅰ系苗、Ⅱ系苗、Ⅲ系苗、Ⅳ系苗。Ⅰ系苗是一种中等毒力的活苗，幼龄鸡使用后会引起较大不良反应，甚至是发病。该疫苗主要用于加强免疫后或是2月龄以上的鸡只免疫。在发病地区被用作紧急预防接种使用。产蛋母鸡接种后可出现短时产量下降或产软壳蛋现象。Ⅱ、Ⅲ、Ⅳ系是弱毒的活苗，大小鸡都可使用。Ⅲ系或Ⅳ系苗可对大群雏鸡进行饮水免疫，进行气雾免疫时，鸡龄应在2月龄以上，避免诱发呼吸道疾病。Ⅱ系苗常用在雏鸡首次免疫。

灭活苗多与弱毒疫苗配合使用，相比活疫苗而言，灭活苗具有接种后产生抗体水平高且均匀，免疫力可持续半年以上的优点。

基因工程疫苗为利用反向遗传技术，以新城疫病毒为载体，插入禽流感病毒基因片段预防新城疫和禽流感两联疫苗。

免疫监测是指鸡群在免疫后2～3周用血凝抑制试验检测血清HI抗体水平。当鸡群中血凝抑制试验抗体效价≥2^5判为合格。若达不到要求，一周后重测一次，若再达不到要求，则该免疫失败，需要重新进行免疫。一般地说，HI效价在2^6以上时，可以避免大量的死亡损失，2^8以上基本上可以避免死亡损失，2^{10}以上基本上可避免产蛋的急剧下降。

当鸡只感染了某些病毒性传染病如传染性法氏囊病、马立克氏病等，其免疫系统受到严重损伤，即使疫苗抗原刺激后也不产生抗体，会导致新城疫疫苗免疫失败。所以做新城疫疫苗免疫接种时，要特别注意做好防止其他病毒的感染及防疫工作。

（3）发病后措施

典型新城疫：鸡群一旦发生该病，要按照《中华人民共和国动物防疫法》

对于一类动物疫病的有关规定处理。封锁鸡场，紧急消毒，分群隔离，紧急免疫接种，对病鸡和死鸡无害化处理，最后一个病例处理2周后，经过严格的终末消毒，方才解除封锁，方能饲养新鸡。

非典型新城疫：由于非典型新城疫发病率、病死率都很低，且多发生于免疫鸡群，因而采取疫苗紧急接种是切实可行的。

当非典型新城疫与支原体病、大肠杆菌病混合感染时，首先选择敏感抗生素投服3～5天，然后接种新城疫疫苗。当非典型新城疫与温和型禽流感、大肠杆菌病、支原体混合感染时，首先选择敏感抗生素、抗病毒药、多维素投服3～5天，间隔3～5天后接种新城疫疫苗。

传染性支气管炎

鸡传染性支气管炎是由鸡传染性支气管炎病毒引起的鸡的一种急性、高度传染性的疾病。本病在世界主要养鸡国家都有发生，是威胁养鸡业的一种重要疾病。

视频：传染性支气管炎

【病原】

传染性支气管炎病毒是冠状病毒科冠状病毒属成员。为单股RNA病毒。有囊膜，表面有放射状纤突。病毒可在细胞质中复制。将病毒接种于9～11日龄鸡胚尿囊腔，会造成胚体发育迟缓，形成侏儒胚。传染性支气管炎病毒不能凝集鸡红细胞，但用1%胰蛋白酶在37℃处理3小时后，可以凝集鸡红细胞。传染性支气管炎病毒可以干扰新城疫病毒在雏鸡、鸡胚和鸡肾细胞中的繁殖，而鸡脑脊髓炎病毒则又能干扰传染性支气管炎病毒在鸡胚内的增殖。该病毒易发生变异，从而产生新的血清型毒株，因此实际生产中出现使用的疫苗株与鸡群感染的毒株不一致的情况，给本病的预防带来很多困难。

该病毒的抵抗力不强，56℃仅存活15分钟，45℃存活90分钟，37℃存活24小时，－30℃下保存数年后仍然具有感染性。该病毒对一般的消毒剂敏感，如3%来苏儿、1%氢氧化钠都能使病毒失去活性。

【流行特点】

在自然条件下，本病只发生于鸡，不感染其他家禽。各种年龄的鸡都有易感性，但以3～4周龄雏鸡感染最为严重，并能引起死亡，病死率在25%～90%。6周龄以上鸡只死亡较少，成年鸡临床症状最为明显。有母源抗体的雏鸡有较强的抵抗力。20日龄内的雏鸡感染该病后可引起输卵管发育不全，严重的导致永久性生殖器官功能障碍而失去产蛋能力。

病鸡和康复后带毒鸡是主要传染源。一般病鸡恢复后，可带毒40天之久，在35天内具有传播的危险。该病的传播方式主要是通过飞沫经呼吸道传播和通过污染的饲料、饮水经消化道传播，也可经种蛋传播。该病一年四季均可发生，但在秋末至春季多发。肾型和腺胃型传染性支气管炎常见于肉用仔鸡。

【临床症状】

不同毒株对机体器官的嗜性不同，出现不同的临床症状。

（1）呼吸道型　病鸡往往无前驱表现，突然出现呼吸症状，并且迅速涉及全群。4周龄以下的雏鸡表现为精神沉郁，羽毛松乱，采食量减少或是不食，畏寒；气喘、咳嗽、呼吸困难、气管啰音、流鼻液；有的鸡鼻窦肿胀，流泪，严重时导致死亡。6周龄以上的鸡症状较轻，仅表现为气管啰音，气喘和轻微咳嗽等呼吸道症状，发病2～3天后出现黄白色或绿色下痢。产蛋鸡除有以上呼吸道症状外，特征表现是产蛋量明显下降，并且蛋品质受到影响，产畸形蛋、软壳蛋及沙壳蛋，蛋壳色泽变浅，蛋白稀薄如水等。种蛋的孵化率下降。

（2）肾型　常发生于20～50日龄的幼鸡，肉鸡尤其多见。病初仅表现轻微的呼吸道症状，持续1～4天，常不易察觉，接着呼吸道症状消失。过后再次出现急性发作期，病鸡表现精神沉郁，畏寒，排出白色水样稀粪，肛门周围的羽毛严重污染，体重迅速下降，饮水量明显增加。雏鸡死亡率为10%～30%，6周龄以上鸡死亡率较低。

（3）腺胃型　多发生于20～90日龄蛋鸡，肉鸡也有发病。前期排黄色或绿色稀便，流泪、肿眼伴有呼吸道症状。发病中后期呼吸道症状基本消失，极度消瘦，最终衰竭死亡。发病后期鸡群表现发育极不整齐，大小不均，死亡率在30%左右，病程15～35天。死亡高峰在发病后5～8天。

（4）生殖道型　新开产鸡发病后，产蛋徘徊不前或是上升缓慢。产蛋高峰期发病时，鸡蛋表面粗糙、蛋壳陈旧、变薄、颜色变浅或发白，产蛋率下降的多少因鸡体自身抗病力和毒株不同而异，发病鸡群产蛋率一般在70%～80%，恢复原来的产蛋水平需要约6周，但大多数达不到原来的产蛋水平。发病初期，病鸡精神萎靡，以呼噜症状为主，伴随张口呼吸，咳嗽，气管啰音，有的肿眼、流泪，一般持续5～7天发病，发病中后期，采食量下降5%～20%，粪便变软或排水样稀便，产蛋率下降。

【病理变化】

（1）呼吸道型　主要病变是鼻腔、鼻窦、气管和支气管内有浆液性、黏液性或干酪样渗出物，支气管、气管和喉部黏膜充血、水肿。气囊浑浊、增厚。常在病死雏鸡的后段气管和支气管中见有干酪样栓子。在大支气管周围可见到小灶性肺炎。18日龄内雏鸡，可出现输卵管发育异常，致使成熟期不能正常产蛋。产蛋母鸡的输卵管萎缩，变细，变短，管壁较薄，积水或发生囊肿，腹腔中常有液化的卵黄物质。

（2）肾型　肾脏肿胀明显、出血，肾小管因积有多量尿酸盐，使肾脏红白色相间呈斑驳状。尿酸盐还在输尿管心包膜、气囊膜、肝被膜等处出现不同程度的沉积，表现为内脏型痛风。

（3）腺胃型　主要表现为腺胃极度肿大如球状，为正常腺胃的2～3倍。腺胃壁变硬增厚，腺胃乳头轮廓不清，黏膜有出血和溃疡。肠道黏膜有出血，其他脏器无明显变化。

（4）生殖道型　主要表现为输卵管水肿或囊肿、液化和萎缩。卵泡充血、出血、变性，甚至坏死，卵黄破裂掉入腹腔后形成干酪样物，终因卵黄性腹膜炎而死。

【诊断】

依据流行特点、临床症状和病理变化作出初步诊断，但确诊必须进行病毒分离、鉴定以及血清学检验如免疫荧光试验、酶联免疫吸附试验等。

【预防和控制】

（1）生物安全措施　平时要加强饲养管理，改善饲养环境，减少应激因素，季节更替时注意气温的变化，防止冷应激。特别是在育雏早期要注意温度保持相对稳定，最好达到适宜温度的上限。实行全进全出，加强消毒。

降低饲料中蛋白质水平，粗蛋白质含量在14%～15%比较适宜。饲料中多维素用量加倍，尤其要重视维生素A的添加。

（2）免疫接种　H120和H52对呼吸道型传染性支气管炎具有较好的预防效果，可通过气雾、点眼、滴鼻和饮水进行免疫。进行饮水免疫时需在水中加入5%脱脂奶粉，起到保护疫苗效果。H120的毒力弱，相对较安全，主要用作4周龄内的雏鸡免疫。H52毒力较强，会引起14日龄内雏鸡较严重的不良反应，多用作4周龄以上的鸡免疫。

一般的免疫程序是在4～5日龄接种H120进行首免，1月龄时接种H52进行二免；在母源抗体水平较高的雏鸡群，可在14～20日龄时进行首免，2月龄时进行二免；种鸡群可在产蛋前用油乳剂灭活苗进行三免。

传染性支气管炎病毒血清型多，并且交叉保护力弱。单一疫苗只能对同型传染性支气管炎病毒感染产生免疫效果，而对异型传染性支气管炎病毒只能提供部分保护或无保护作用。如使用预防呼吸道型传染性支气管炎的疫苗H120和H52，对肾型传染性支气管炎的预防效果不好或无效。

（3）发病后措施

① 采用对肾无损害的抗菌药饮水或拌料，控制支原体病、大肠杆菌病等病的继发感染。供应充足的饮水，并在饮水中添加电解多维或肾肿解毒药等，以补充急性钠、钾的损耗，从而消除肾炎和促进尿酸盐排出。

② 本病的咳嗽、气喘等症状，可以采用清肺化痰，止咳平喘的中药方剂进行对症治疗。

传染性喉气管炎

传染性喉气管炎是由传染性喉气管炎病毒引起的鸡的一种急性呼吸道传染病。

【病原】

传染性喉气管炎病毒属于疱疹病毒科甲疱疹病毒亚科的禽疱疹病毒Ⅰ型。病毒呈球形，衣壳是20面体对称，中心部分由双股DNA组成。衣壳外有一层含类脂质的囊膜。

病毒主要存在于病鸡的气管组织和其渗出物中，肝、脾及血液中较少见。该病毒易在鸡胚中繁殖，感染后2～12天致鸡胚死亡，胚体发育不良，绒毛尿囊膜出现增生和坏死，形成灰黄色不透明的斑块病变。病毒也可以在鸡胚细胞培养物上生长繁殖，接种后4～6小时后，出现的细胞病变：核染色质变位及核仁变圆，随后胞浆融合，形成多核的巨细胞（合胞体），而且在接种后12小时就能检出核内包涵体。

传染性喉气管炎病毒只有一个血清型，无血凝特性。对外界的抵抗力不强，55℃只能存活10～15分钟，37℃可存活22～24小时，在13～23℃环境中能存活10天。对常见消毒剂都敏感，如5%石炭酸、3%来苏儿或者1%苛性钠溶液，1分钟即可杀死病毒。

【流行特点】

在自然条件下，本病主要感染鸡，不同品种、性别及年龄的鸡都有易感性，但是成年鸡的症状尤为易感。

病鸡和带毒鸡是主要传染源。气管组织、上呼吸道分泌物中含有大量病毒，通过咳出的飞沫污染饲料、饮水及周围环境，并经上呼吸道、眼结膜和消化道感染易感鸡。大约有2%的康复鸡带毒，带毒时间可长达2年。

鸡舍密度过大、通风不良、饲养管理不当、维生素A缺乏、寄生虫感染等因素都能诱发或促进本病的传播。该病在易感鸡群中传播很快，感染率可高达90%～100%；病死率为5%～70%，平均在10% ～20%。往往在产蛋高峰期鸡群的病死率最高。

【临床症状】

自然感染的潜伏期是6～12天，人工气管内感染的潜伏期是2～4天。

急性型主要特征是流泪、鼻内有分泌物和呼吸时发生湿啰音，继而咳嗽。严重的病例表现出明显的呼吸困难，病鸡颜面发绀、气喘或是伸颈张口呼吸，常常咳出带血的黏性分泌物，有时还会咳出干酪样分泌物。检查口腔时，肉眼可见喉部黏膜上有淡黄色凝固物附着，不易除去。病程5～7天或者更长。有的鸡逐渐恢复并成为带毒者。

有些比较缓和的呈地方流行性，临床症状只限于生长迟缓、产蛋减少、流泪、结膜炎。病情较严重的，眶下窦肿胀，持续性鼻液分泌增多及出血性眼结膜炎。通常发病率在5%以内。病程长短不等，短的1周，最长可达4周，多数病例在10～14天内恢复。病鸡往往是因窒息而死亡。

【病理变化】

主要病理变化在气管和喉部。发病初期，呈黏液样炎症，到后期发生黏膜变性、坏死及出血。死于窒息的鸡，喉部覆盖有黄白色纤维素性干酪样假膜。在剧烈咳嗽和痉挛性呼吸时，常常咳出脱落的上皮组织和血凝块。炎症也会蔓延到支气管、肺和气囊。有时炎症也能上行至眶下窦。产蛋鸡会出现卵巢异常，卵泡出血。

【诊断】

病鸡张口呼吸、喘气、带有啰音、剧烈咳嗽、咳出带血黏液，部分发生死亡。出血性气管炎是典型病变。在结合鸡群发病史，则可作出初步诊断。在症状不典型时，难与其他疾病相鉴别时，可作实验室检查如包涵体检查、免疫荧光抗体、酶联免疫吸附试验等。

【预防与控制】

（1）生物安全措施　加强饲养管理，执行全进全出的饲养方式，严格的隔离、消毒等防疫措施是预防本病的有效方法。本病的传染源主要是带毒鸡，因此切不可将鸡只与病愈鸡或者来历不明鸡接触。

人工接种和自然康复的鸡都具有很好的免疫力，可是它们能带毒和持续排毒，所以未接种疫苗和接种疫苗的鸡群必须严格隔离，否则未接种疫苗的鸡会被感染发病。通常情况下，未发过该病的鸡场不主张免疫接种。

（2）免疫接种　目前市面上效果较好的疫苗有两种：一种是弱毒苗，此疫苗多用在14日龄以上的鸡，通过点眼、滴鼻、饮水免疫，相对较安全，接种后7天产生免疫力。通常30日龄时进行首免，间隔5周后再免疫一次。蛋鸡或是种鸡60～70日龄时进行首免，间隔2～3月再次免疫。免疫期可达6个月以上。另一种是强毒苗，接种方法是暴露鸡的泄殖腔上壁的黏膜，蘸取少量疫苗涂在暴露的黏膜上（切记不可沾污呼吸道组织），接种4～5天后，泄殖腔黏膜出现潮红、水肿或者出血性炎症，表示接种有效，经1周后产生较好的免疫力。强毒苗通常只用于发病鸡场。

（3）发病后措施 目前对该病尚无有效的治疗方法和药物。通常采取对症治疗，缓解呼吸困难的症状。打开嘴角用镊子取出喉头部干酪样阻塞物，并且在此处用碘甘油消毒，能够有效降低鸡只死亡率。

传染性法氏囊炎

视频：传染性法氏囊炎

传染性法氏囊炎（IBD）是由传染性法氏囊炎病毒引起幼鸡的一种急性、高度接触性传染病。

本病在世界养鸡业较发达的国家和地区都曾发生。幼鸡感染后，法氏囊受到损害导致免疫抑制或者免疫缺陷，引起多种疫苗免疫失败，使鸡对其他传染病的感染性增加，造成极大的经济损失。

【病原】

传染性法氏囊炎病毒属双股双节RNA病毒科，双股双节RNA病毒属成员。传染性法氏囊炎病毒有两个血清型，即血清Ⅰ型（鸡源型毒株）和血清Ⅱ型（火鸡源型毒株），两者在血清学上的相关性低于10%。这种毒株之间的抗原性差异常常造成免疫失败，同时给该病的血清学诊断带来许多麻烦。

传染性法氏囊炎病毒可以在鸡胚内增殖。7～8日龄鸡胚做卵黄囊接种，9～11日龄鸡胚作绒毛尿囊膜或尿囊腔接种。鸡胚通常在感染后4～6天死亡。感染胚体发育停止、水肿和出血，肝脏和肾脏上有斑点样坏死。卵黄、绒毛尿囊膜和其他组织中含有大量病毒。在用新分离毒株进行接种时，尿囊液中含病毒量很低，要在鸡胚中连续多次传代后，尿囊液中的病毒量增多，但毒力逐渐下降。

病毒在外界环境中较稳定，能在鸡舍中长期存在。对热、紫外线、乙醚及氯仿都有一定抵抗力。病毒对热的抵抗力也相当强，在56℃ 5小时或60℃ 30分钟病毒不会被灭活。在0.5%石炭酸中30℃ 1小时病毒不受影响。但3%来苏儿作用30分钟，可杀死病毒。病毒对过氧乙酸、次氯酸钠等消毒药较敏感，短时间内可杀灭病毒。

【流行特点】

在自然条件下，只有鸡是易感动物，各品种的鸡都能被感染。2～15周龄的鸡较易感，但以 3～6 周龄的鸡易感性最强。成年鸡感染后往往不表现临床症状，成为隐性带毒鸡。

病鸡和隐性感染鸡是本病主要的传染源，病毒为水平传播，一是经粪便排出体外，污染饲料、饮水、用具和垫料等；二是经呼吸道、眼结膜等感染健康鸡。一旦鸡舍感染，舍内病毒可持续存在 122 天以上。

本病一年四季都可发生，但以冬春季节较为严重，突然发生，传播迅速，当鸡群中发现有病鸡时，全群几乎全部感染。病鸡通常在感染后第 3 天开始死亡，在 5～7 天达到最高峰，以后逐渐减少。

【临床症状】

潜伏期 2～3 天。病鸡早期表现为啄自己的泄殖腔。病鸡羽毛蓬乱、逆立，食欲减少或不食，不愿运动，畏寒、常常聚堆或靠近热源，排白色黏稠或者水样稀粪，偶见粪便中有血液，泄殖腔周围的羽毛被粪便污染。病程后期脱水严重，迅速消瘦，极度虚弱，衰竭而死，病程一般 5～7 天。

【病理变化】

病死鸡明显脱水，胸部、腿部肌肉可见出血点、出血斑。感染后的第 3 天法氏囊肿胀，浆膜水肿，表面有黄色胶冻样渗出物包裹，有的因法氏囊出血呈紫葡萄颜色。切开法氏囊后黏膜皱褶水肿，表面有点状或是弥漫性出血，内容有多量黏液，有时其中混有血液，严重的囊腔内有干酪样物质。感染后第 5 天，法氏囊开始萎缩，到第 8 天，约为正常的 1/3。肾脏明显肿胀、表面呈红白相间花斑样。肾小管扩张明显，充满大量尿酸盐。输尿管内也会因尿酸盐沉积而高度扩张。腺胃和肌胃交界处常有出血斑点，盲肠扁桃体出血。

【诊断】

根据流行特点、临床症状及病理变化综合作出诊断。若是发现 3～6 周龄鸡发病率高，传播迅速，死亡相对集中呈尖峰氏曲线，剖检可见法氏囊、肾脏和肌肉的特征性病变等可以作出初步诊断。但是要确诊，需要做病原学或血清学检查如琼脂扩散试验、ELISA 等。

【预防与控制】

（1）生物安全措施　加强饲养管理和严格执行卫生消毒，防止病毒进入鸡场是预防本病关键。定期进行预防接种，是控制本病流行的有效措施。

（2）免疫接种　常用的疫苗有活毒疫苗和灭活疫苗两大类。活毒疫苗有两种类型：一是弱毒力苗，接种后对法氏囊无损害，但是抗体产生较慢，效价较低，当较强的 IBDV 侵害时，保护率较低；二是中等毒力疫苗，该苗对雏鸡法氏囊有损伤，当鸡场遭到强毒入侵时保护率较好。灭活疫苗主要是油乳剂灭活疫苗，通过皮下或肌肉注射，免疫效果很好。

生产中，没有母源抗体或者低母源抗体的雏鸡，出生后用弱毒疫苗经滴鼻、点眼免疫，或者适量稀释后经饮水免疫，到2～3周时，再用中等毒力疫苗进行二次免疫。有母源抗体的雏鸡，在14～21日龄用中等毒力疫苗进行免疫，如有必要时2～3周后再加强免疫一次。种鸡经过上述程序免疫后，到10～12周龄时用中等毒力疫苗免疫一次，在18～20周龄用灭活苗注射免疫。

（3）发病后措施　发病时，对病鸡进行无害化处理，污染的鸡舍及用具彻底进行消毒。对假定健康鸡做紧急免疫接种。

马立克氏病

马立克氏病（MD）是由疱疹病毒所引起的一种淋巴组织增生性疾病。其特征是周围神经、性腺、虹膜、脏器、肌肉和皮肤发生淋巴细胞浸润和形成肿瘤。

视频：马立克氏病

【病原】

马立克氏病病毒属于疱疹病毒科，马立克氏病毒属，鸡疱疹病毒Ⅱ型病毒。不同毒株间毒力差异很大。

病毒在鸡体内有两种存在形式：一是无囊膜的裸体病毒，主要存在于被感染内脏组织细胞的核中，是细胞结合病毒，对外界的抵抗力很差，在感染细胞破裂死亡时，病毒毒力明显下降或是失去感染力；二是有囊膜的完全病毒，主要存在羽毛囊上皮细胞里，为非细胞结合型，能脱离细胞存活，可以在体外环境中存活较长时间，对外界的抵抗力较强。

马立克氏病毒可分为3个血清型。血清Ⅰ型病毒是致肿瘤性病毒，在鸭胚成纤维细胞上生长良好，并会产生小的蚀斑；血清Ⅱ型病毒是非致肿瘤性病毒，在鸡胚成纤维细胞上生长良好，会产生一些大的合胞体和中等大小的蚀斑；血清Ⅲ型病毒是火鸡疱疹病毒，在鸡成纤维细胞中生长良好，并且生长速度最快，产生较大的蚀斑。

马立克氏病毒对外界的抵抗力不强，56℃ 30分钟或者60℃ 10分钟即死亡。从羽毛囊上皮细胞脱落到自然界中的病毒，因为其被蛋白质和脂肪膜包裹，故可以存在较长的时间，在室温时鸡舍灰尘中的病毒可以保持传染性4周以上，有的甚至达到6周。存在粪便和垫草中病毒的传染性可达16周。室温中羽毛囊和皮屑里的病毒可以保持活力8个月，4℃条件下可保持活力3年以上。常见消毒剂5%福尔马林、2%氢氧化钠、3%来苏儿等都能在10分钟内杀灭病毒。

【流行特点】

鸡是马立克氏病毒的最易感宿主，其次是火鸡、野鸡、珍珠鸡。鹌鹑也可自然感染。

传染源是病鸡和带毒的鸡，无明显症状的带毒鸡危害较大。羽毛囊上皮细胞中增殖的病毒具有很强的传染性，这些完全病毒随着羽毛、皮屑脱落而飘散到周围环境中，是自然条件下最重要的传染源。病鸡与带病毒鸡的排泄物、分泌物及舍内垫草都具有很强的传染性。

鸡只互相接触是本病的主要传播方式。主要通过呼吸道传播，其次为消化道和吸血昆虫传播。通过种蛋垂直传播的可能性极小，并且在孵化的温度和湿度的环境下该病毒无法存活，因此，本病不能经种蛋表面污染而造成传播。

不同品种、年龄、性别的鸡对马立克氏病毒都易感。一旦感染，本病便在鸡群中广泛传播。但该病发病率差异很大，从少数几只到全群高达85%不等。通常初生雏鸡对MDV强毒最敏感，母鸡相比公鸡更易发病。

【临床症状】

根据临床症状不同，可以分为四种类型：内脏型、神经型、眼型和皮肤型，有时可混合感染。

（1）内脏型　一般发生于2～3月龄鸡。常常呈急性爆发。最初鸡只精神委顿，食欲明显下降甚至不食，几日后，部分鸡出现共济失调，呈现单侧或双侧肢体麻痹。病死鸡表现脱水、消瘦，有时候无特征症状就突然死亡。

（2）神经型　主要侵害鸡的外周神经。最常见的是坐骨神经受到侵害，鸡表现为步态不稳，严重时伏地不起，或是一腿在前另一腿在后方，呈现“劈叉”姿势；当翅神经受侵害时，病鸡翅下垂；当颈部神经受到侵害时，病鸡头下垂或是颈歪斜；当迷走神经受到侵害时，可引起嗉囊扩张或喘息。

（3）眼型　因为虹膜受害，虹膜呈现同心环状或是斑点状，颜色变浅，弥漫灰白色。瞳孔缩小，边缘不整齐，严重的瞳孔呈针尖状，形成“鱼眼”，导致一侧或双侧视力消失。

（4）皮肤型　只局限在羽毛囊，在皮肤的羽毛囊出现小结节或者瘤状物，尤其是在换羽期的鸡最明显。

【病理变化】

（1）内脏型　主要病理变化在卵巢、肝、脾、肾、心、肺、胰腺、腺胃、肠壁和骨骼肌等，形成大小不等的灰白色结节样肿瘤病灶，有的肝、脾、肾和卵巢呈急性肿大，镜检发现在上述器官或组织内有大量大小不等、形态不一的淋巴细胞增生、积聚，原组织的结构被破坏。

（2）神经型　主要侵害坐骨神经、臂神经丛、腹腔神经丛及内脏大神经等，受害神经干粗大，比正常粗2～3倍以上，呈灰白色或淡黄色，神经膜水肿，横纹消失，镜检可见神经纤维之间有许多大、中、小不等的淋巴细胞和浆细胞呈弥漫性或结节状增生、积聚，髓鞘变性和神经膜增生。因病变常侵害单侧，可与对侧神经比较观察，有助于诊断。

（3）皮肤型　在羽毛囊周围结节部的真皮及皮下组织内有大量多形态的淋巴细胞呈灶状或弥漫性浸润。

（4）眼型　主要见到虹膜内有大量淋巴细胞浸润。

【诊断】

2～5月龄的鸡群往往呈急性型发病，本病的发生无季节性，与环境应激因素或者鸡群密度以及某些疾病发生有关，并且随着鸡日龄增长易感性下降。在临床诊断上如果病鸡出现下列一种或多种症状时，即能定为鸡马立克氏病。周围神经或者脊神经节发生淋巴细胞浸润性肿大；瞳孔缩小、边缘不整，虹膜褪色；18周龄以内的病鸡多器官淋巴性肿瘤。同时，要注意应用病理学诊断对内脏型马立克氏病与鸡淋巴性白血病进行鉴别，鸡马立克氏病的肿瘤组织是由淋巴细胞、成淋巴细胞及浆细胞等混合组成，然而鸡淋巴性白血病的肿瘤组织细胞往往是淋巴母细胞，这具有非常重要的鉴别诊断意义。

琼脂扩散试验是本病实验室诊断中最常用的方法。从鸡的胫外侧、肋部、背腹部等部位，拔取数根羽毛，剪下毛根尖端一小段，放置琼脂平板的外周孔内，每只鸡的1～3根羽毛共用一孔，然后取定量的马立克氏病阳性血清加入琼脂平板的中央孔内，在室温下静置2～3天后观察反应结果。如若羽毛孔与血清孔间出现一条灰白色的沉淀线，即可判定为阳性反应。

【预防与控制】

（1）生物安全措施　严格的消毒制度是预防雏鸡早期感染的关键因素。加强孵化室的卫生消毒工作和育雏期的饲养管理。育雏场要与产蛋鸡场、育成鸡场分开设立，或在鸡场设有特定的隔离较好的育雏区域。

（2）免疫接种　目前，免疫接种是控制鸡马立克氏病的有效措施。雏鸡在出壳24小时内需要接种，有条件孵化场可在鸡胚18日龄进行鸡胚接种。免疫接种后2周内非常关键，加强卫生和消毒管理，避免疫苗起作用前遭到野毒感染。

血清Ⅰ型疫苗：由马立克氏病毒血清Ⅰ型毒株经过人工致弱的，如CVI988。按照说明书要求注射，注射后8天可产生免疫力，免疫期一年以上。由于此苗属于冷冻疫苗，需要在液氮中保存和运输，使用受到限制。

血清Ⅱ型疫苗：由自然非致病弱毒株制备而来，多数情况下作为多价苗的构成成分而使用。国内外分别有由SB-1株、301B/1株、Z4株支持的疫苗。其对鸡无致瘤性，毒力稳定，有较好免疫原性，并且已获准马立克氏病毒血清Ⅱ型＋Ⅲ型二价疫苗的生产。但是本疫苗属于冷冻疫苗，需要在液氮中保存和运输，使用受到限制。

血清Ⅲ型疫苗：即为火鸡疱疹病毒（HVT）冻干苗，是预防马立克氏病的经典疫苗。该疫苗具有好保存、易运输和使用方便的优点。适合于各品种的1日龄雏鸡，按照说明书要求注射，注射后2周能产生免疫力，免疫期一年以上。

（3）发病后措施　本病尚无有效的治疗方法。鸡场（尤其是种鸡场）必须做好检疫工作，发现病鸡立即淘汰，清除传染源。

禽　痘

禽痘是由禽痘病毒引起的一种急性、高度接触性传染病。本病曾发生在世界各养禽国家和地区。

【病原】

禽痘病毒属于痘病毒科禽痘病毒属，是双股DNA病毒。有囊膜，可在细胞质内增殖，形成似砖形或卵圆形包涵体。痘病毒可以在易感动物的皮肤上或其他上皮和睾丸内复制，也可在鸡胚尿囊膜上生长，会形成灰白色斑点状的痘斑。以上培养方法不仅可以用来增殖病毒，还可以作血清交叉试验，以鉴定禽痘病毒的种类。

禽痘病毒在外界环境中存活时间较长，尤其是在干燥的环境中，在干燥的痂皮中能存活6～8周，但是对热、直射阳光、酸、碱及多数常用消毒药均较敏感。

【流行特点】

本病传染源是病鸡，其脱落和碎散的痘痂是病毒散播的主要形式。传播途径一般是经由损伤的皮肤和黏膜感染。蚊子及体表寄生虫为传播媒介。鸡最易感、其次是火鸡，不分品种和年龄都可感染，雏鸡和青年鸡发病最为严重，雏鸡会大批死亡。

本病一年四季都可发生，但以夏秋季节（蚊子活跃）最为流行。

【临床症状】

潜伏期一般为4～6天。依据临床症状和病理变化部位不同，分为皮肤型、黏膜型和混合型。

（1）皮肤型　在无毛区或者少毛区如冠、肉髯、喙角、眼睑和耳叶、腿、泄殖腔周围等处的皮肤形成痘疹。初期出现的灰白色麸皮状覆盖物，之后快速长出结节，为灰黄色，逐渐变大如豌豆状，表面凹凸不平，干而硬。有时结节过多相互连接融合，形成大块的厚痂，使眼睛完全闭合，无法张开。病鸡精神委顿，食欲减退、消失，体重减轻等现象，产蛋鸡产蛋减少或停止，一般无明显的全身症状。

（2）黏膜型　多见于雏鸡和青年鸡，病死率较高，雏鸡可达50%。初期呈鼻炎症状，鼻液为浆液性，之后转为脓性。有的炎症蔓延至眶下窦和眼结膜，表现出眼睑肿胀，结膜充满脓性或者纤维蛋白性渗出物，甚至导致角膜炎而失明。鼻炎症状出现后2～3天，口腔和咽喉等处黏膜出现痘疹，最初为圆形黄色斑点，之后扩散形成大片的沉着物，即为假膜，逐渐变厚而成为棕色痂块，凹凸不平，并且有裂缝。痂块不易脱落，若是强行撕脱，会留下易出血的表面，当假膜伸入喉部，会引起呼吸和吞咽困难，严重时造成病鸡窒息死亡。

（3）混合型　即皮肤和黏膜都被侵害。

【病理变化】

口腔黏膜有病变，有时可蔓延到气管、食道。肝、脾和肾常见肿大。心肌会有实质变性。进行病理组织学检查，病变部位的上皮细胞中有胞质内包涵体。

【诊断】

禽痘在皮肤、黏膜上形成典型的痘疹和特殊的痂皮即伪膜，结合其发病情况如在蚊虫多发的夏季、初秋以皮肤型多见，冬季以黏膜型多发，老龄鸡有一定抵抗力，1月龄或刚开产的产蛋鸡较多发，可作初步诊断。可采用病毒分离、血凝试验、琼脂扩散试验、ELISA试验进行确诊。

【预防与控制】

（1）生物安全措施　定期实施消毒，鸡舍要钉好纱窗、纱门，并在蚊蝇多发的季节用杀虫剂杀死鸡舍内外的蚊蝇。及时修理笼具，防止尖锐物刺伤皮肤，出现外伤及时用5%碘酊涂擦伤部。

（2）免疫接种　目前国内常使用的鸡痘苗有鸡痘鹌鹑化弱毒苗和鸡痘鹌鹑化弱毒细胞苗两种。接种方法如下：用鸡痘刺种针或者无菌钢笔尖蘸取按说明书稀释的疫苗，在鸡翅内侧无血管处皮下刺种。鸡群在接种后7～10天应检查是否接种成功。接种成功的鸡在接种后3～4天刺种部位出现红肿，之后产生结节并且结痂，2～3周痂块脱落。免疫期成鸡为5个月，雏鸡2个月。

（3）发病后措施　一旦鸡场发病时，要立即隔离病鸡，对用具、场舍彻底消毒。对死鸡和淘汰病鸡进行无害化处理，对易感鸡群进行紧急免疫接种。使用清瘟解毒的中药治疗禽痘效果较好。

禽白血病

禽白血病是一类由禽白血病病毒引起的禽类多种肿瘤性疾病的总称。在自然条件下以淋巴细胞白血病最为常见，其次是成红细胞白血病、成髓细胞白血病、骨髓细胞瘤等。主要临床特征是在造血系统发生恶性的肿瘤性病变。本病在世界各地均有发生，我国亦有本病发生的报道。

【病原】

禽白血病病原是白血病/肉瘤病毒群中的病毒，在分类上属反转录病毒科肿瘤病毒亚科的禽C型肿瘤病毒群。根据各病毒的抗原结构和对不同遗传型鸡胚成纤维细胞的感染范围，以及各病毒与同一亚群和不同亚群病毒间的干扰现象，又将禽白血病病毒分为A、B、C、D、E和J六个亚群或型。

禽白血病病毒在鸡胚中生长良好，用肉瘤病毒接种于11日龄鸡胚绒毛尿囊膜，8天后在绒毛尿囊膜上可见痘斑；接种于5～8日龄鸡胚卵黄囊，会引起肿瘤；通过腹腔内或者其他途径接种1日龄雏鸡，经过时间不等的潜伏期，可引起雏鸡发病。大多数病毒可在组织培养中增殖，更适应在鸡胚成纤维细胞中增殖，除了少数毒株可使细胞体变圆钝外，多数细胞无细胞病变，但可使用沉淀试验、补体结合试验及荧光抗体等方法证实病毒的存在。

病毒对热敏感，而在−60℃以下环境中可以保存数年不丧失感染性，并且在pH值5～9之间较为稳定。

【流行特点】

在自然条件下只有鸡会感染发病。人工接种于野鸡、鸭、鸽、鹌鹑和火鸡也会引起发病。母鸡易感性比公鸡高，日龄越小易感性越高，一般以4～10月龄的鸡发病率最高，一些会降低鸡抵抗力的应激因素如感染寄生虫、饲料中维生素不足等，都会促进本病发生。

本病的传染源是病鸡和带毒鸡，特别是带毒鸡在本病的传播中起着重要的作用。带毒的母鸡自身没有明显症状，但其产下的种蛋带病毒，带毒种蛋孵出的雏鸡也带毒，再通过与健康雏鸡接触会将感染扩散到整个雏鸡群，造成巨大危害和经济损失。

【临床症状】

因为禽白血病的病型不同，临床表现也有差异。

（1）淋巴细胞性白血病　此型最常见，潜伏期长，人工感染1～14日龄的易感雏鸡后，大多在第14～30周龄间发病，14周龄以内发病的较少见，自然发病的鸡常常出现在14周龄后，到性成熟期发病率最高。通常无特征性症状，鸡冠和肉髯苍白、皱缩，偶见发绀。食欲不振甚至废绝，体重迅速减轻，病鸡消瘦，全身虚弱，腹部膨大，可以触摸到肿大的肝脏、法氏囊。有的鸡下痢，产蛋鸡停止产蛋，后期不能站立，衰竭而死亡。

（2）成红细胞性白血病　本型较少见，分为增生型和贫血型两种类型。增生型的特征是血液中有许多幼稚型成红血细胞，贫血型的特征为表现严重贫血症状。两种类型的早期症状是全身衰弱，嗜睡，鸡冠稍苍白，有时发绀，病后期表现下痢，进行性消瘦，部分毛囊出血。病程从几天到几个月时间不等，贫血型的病程通常较短。

（3）成髓细胞性白血病　临床症状与成红细胞性白血病相似。病初是全身衰弱，嗜睡，冠稍有苍白。病情后期时症状明显，食欲不振，明显脱水、下痢和消瘦。因为血液凝固障碍，毛囊出血。此型的病程比成红细胞性白血病长。

（4）骨髓细胞瘤病　人工感染的潜伏期是3～11周。病鸡的全身症状与成髓细胞性白血病相似，在病鸡的骨骼上常见由骨髓细胞增生形成的肿瘤，故病鸡的头部出现异常的突起，胸部和胫骨部有时也出现肿瘤突起。病程一般较长。

【病理变化】

（1）淋巴细胞性白血病　肝、脾和法氏囊病变最为明显，肝脏呈弥漫性肿大，或者在肝上形成大小不一的结节或肿瘤病灶，结节有单个存在，也有密集分布。肿瘤结节呈灰白色或者淡灰黄色，表面平滑且有光泽，切面均匀似脂肪样。脾脏肿大，其表面和切面都有灰白色肿瘤病灶。法氏囊肿大，不会出现性成熟后的生理性萎缩。另外，在肾、肺、心、骨髓和肠系膜有时也因为肿瘤病变而出现巨大瘤块。

（2）成红细胞性白血病　病鸡的肝、脾、肾脏弥漫性肿大，呈樱桃红色到暗红色，质地柔软但是易碎。骨髓极柔软，呈水样，颜色呈暗红色或樱桃红色。贫血型病鸡的内脏常常萎缩，尤其脾脏最明显，骨髓颜色变淡，呈胶冻样。严重贫血时血液似水样，颜色呈淡红色，凝固不良。

（3）成髓细胞性白血病　骨髓坚实，呈红灰色至灰色。肝脏上有弥漫性灰白色肿瘤小结节，在其他器官中也可以见到。严重时病鸡的肝、脾、肾脏上有灰白色弥漫性肿瘤组织浸润，造成器官的外表呈斑纹状或颗粒状。

（4）骨髓细胞瘤病　剖检时骨骼上发现肿瘤，多见于靠近软骨处的骨骼表面，例如肋骨的肋软骨接合部、后胸骨、下颌骨等部位，头部也有出现。骨髓细胞瘤黄白色、柔软、质脆似奶酪样，呈弥漫状或者结节状。恶性增生的骨髓细胞常常大量浸润实质器官，破坏正常组织，形成肿瘤。

【诊断】

依据临床症状和病理变化进行，初步诊断，例如发病鸡16周龄以上，进行性消瘦，内脏器官肿大，发生肿瘤。本病的实验室诊断，主要根据病理学及血液学的检查来确定，还可以用琼脂扩散试验、补体结合试验、免疫荧光抗体试验等方法诊断。

【预防与控制】

生物安全措施：

日常要加强鸡群的饲养管理和清洁卫生工作。幼鸡的易感性高，必须和成年鸡群隔离饲养，执行全进全出饲养模式。本病目前没有切实可行的治疗方法和疫苗免疫。

控制本病的主要措施是建立鸡群的检疫制度，每隔1～3个月检疫1次，发现鸡群中有病鸡最好是淘汰全群，进行彻底消毒。由于本病能通过种蛋垂直传播，所以，种蛋和种鸡必须向无病鸡场购买，孵化器具和运输工具要彻底消毒。

产蛋下降综合征

产蛋下降综合征是一种由禽腺病毒引起鸡的以产蛋下降为特征的传染病。病鸡无明显症状，一般以产蛋量骤然下降、蛋壳异常（软壳蛋、薄壳蛋）、畸形蛋、蛋质低劣和蛋壳颜色变淡为特征。

本病自从1976年荷兰首次报告以来，已遍及世界各地，我国亦有发生。

【病原】

鸡产蛋下降综合征病毒属于腺病毒科，禽腺病毒属成员，结构近似球形，呈二十面体对称，是无囊膜的双股DNA病毒，病毒直径为70～80纳米，每一基底壳粒上有一纤突。病毒在输卵管、消化道、呼吸道、肝脏和脾脏中含量最高。在4℃、室温及37℃条件下，病毒都能凝集鸡、鸭、鹅及火鸡的红细胞，但不能凝集牛、羊、猪等哺乳动物的红细胞。将病毒接种于5～7日龄鸡胚卵黄囊中繁殖，可致胚体萎缩，孵化率下降。

病毒对外界的抵抗力较强，对乙醚、氯仿不敏感，pH值3～7稳定，对热不敏感，能耐受50℃ 60分钟，在25℃的干燥条件下可以存活7天，在室温下可保持毒力达6个月之久。0.3%福尔马林48小时内可完全使之灭活。

【流行特点】

本病易感动物是鸡。除鸡外，自然宿主虽有鸭、鹅、野鸭和多种野禽，但鸭、鹅和野禽均无临床症状。本病主要发生在26～32周龄的鸡，特别是产褐壳蛋的母鸡最易感，35周龄以上的鸡极少发病。幼鸡即使感染也不发病，血清中检测不到抗体，直到在开产后才表现出症状，此时血清中抗体阳性。传染源主要是病鸡和带毒的禽类。传播方式主要是通过受精卵垂直传播。带毒的种蛋孵出的雏鸡肝脏中可分离到病毒。病毒还可经病鸡分泌物及排泄物排出体外，污染饲料、饮水、用具等，通过口、鼻及眼黏膜水平传播给易感鸡。另外病毒还可通过交配传染。

【临床症状】

人工感染的潜伏期一般为7～9天，有时延长至17天。被感染鸡群往往无明显的临床症状，通常26～32周龄产蛋鸡突然出现群体性产蛋下降，产蛋率可比往常下降20%～30%，甚至50%。初期蛋壳色泽变浅，紧接着出现薄壳蛋、软壳蛋、无壳蛋、畸形蛋等，蛋壳表面粗糙或者蛋端呈细颗粒状如砂纸样，蛋黄色淡，蛋清稀薄如水，有时可见蛋清中混有血液或异物等，异常蛋可占到产蛋量的15%以上。蛋的破损率高达40%左右，病程为4～5周。

【病理变化】

本病无明显病变。剖检产软壳蛋的病鸡，输卵管表现轻度萎缩，黏膜有炎症，有时输卵管内有卵黄样凝块和少量黏液。卵巢萎缩、充血，卵泡充血、变形或是发育不全。

病理检查可见子宫、输卵管腺体水肿，单核细胞浸润，黏膜上皮细胞变性、坏死，子宫黏膜和输卵管固有层发生浆细胞、淋巴细胞和异嗜细胞浸润。输卵管上皮细胞中可见到核内包涵体。

【诊断】

依据流行特点和临床症状可作出初步诊断，但确诊需进行实验室诊断，可进行病毒的分离鉴定、血凝抑制试验、琼脂扩散试验、免疫荧光抗体技术和ELISA检测。

【预防与控制】

（1）生物安全措施　无本病的鸡场，一定要严防从疫场将病带入，严禁到疫区引入种蛋、雏鸡及种鸡等。

（2）免疫接种　预防本病的最有效措施是免疫接种。目前国内外都采用产蛋下降综合征油乳剂灭活苗接种免疫，接种对象为110～130日龄的母鸡。接种后2周内产生免疫力，免疫期可以维持12～16周，以后抗体水平逐渐下降，

40～50周后抗体消失。

（3）发病后措施　本病无有效治疗方法。对已发病的鸡场，要严格执行卫生防疫措施。及时淘汰、扑杀阳性鸡。因为本病既可垂直传播又可水平传播，因此，产蛋下降期的种蛋不能留作种用。还要做好鸡舍及周围环境清洁和消毒工作，粪便无害化处理，避免饲养管理用具和人员串走。

病毒性关节炎

病毒性关节炎是由禽呼肠孤病毒引起鸡的一种传染病，主要发生在肉用仔鸡，以关节炎和腱滑膜炎为特征。本病在世界各养禽国家和地区均有发生。

【病原】

禽呼肠孤病毒无囊膜，有双层衣壳结构，呈二十面体对称。本病毒可在鸡胚和鸡肾细胞中培养。接种于鸡胚绒毛尿囊膜，鸡胚多在7～8天后死亡。

病毒对外界环境的抵抗力较强。卵黄中的病毒能耐受56℃ 24小时或者60℃ 10小时，抗pH3、过氧化氢、2%来苏儿、3%福尔马林，对乙醚、氯仿和酸也有一定抵抗力。

【流行特点】

该病主要发生在肉鸡，其次是蛋鸡和火鸡。各日龄的鸡均可发生，鸡的年龄与本病的感染率和死亡率有关，随着年龄增长易感性下降。1～20日龄最易感染，发病多见于4～7周龄的鸡，患病率在0.4%～20%，但是死亡率通常低于6%。病毒的传播方式有两种：水平传播和垂直传播，水平传播是主要的传播方式，传染源主要是病鸡和带毒的鸡。

【临床症状】

病鸡食欲减退，不愿运动，驱赶时可勉强移动，但是步态不稳，出现跛行和单脚跳跃。病鸡因运动困难不能饮食足够的水和饲料而逐渐消瘦、贫血、发育迟滞，少数病鸡衰竭而死亡。检查病鸡时可发现附关节肿胀，慢性病例趾向后屈曲。跛行和胫骨腱鞘以及腓肠肌腱肿胀为早期常见的症状。病鸡胫骨变粗，如腓肠肌腱断裂，患肢则不能伸展和负重，如两肢的腓肠肌腱均断裂则不能运动。当腓肠肌腱断裂时，从外观上可见到暗红色的肿胀。成年种鸡群或蛋鸡群受感染后，产蛋鸡群的产蛋量可下降10%～20%。

【病理变化】

跗关节、趾关节、趾屈肌腱及趾伸肌腱常可见到明显的病变。病初，肉眼可见关节囊及腱鞘水肿、充血，有时出血。关节腔内有少量淡红色半透明的渗出物，严重时为带血的暗红色渗出物，发病后期为干酪样物，如果并发细菌感染会伴有多量脓性渗出物。慢性病例的关节腔内渗出物较少，不能将附关节伸直到正常状态，肌腱断裂、出血、坏死，腱鞘粘连等。

【诊断】

根据临床症状和病理变化可作初步诊断，确诊需进行实验室诊断。由于支原体滑膜炎的病变与本病相似，所以当病鸡血清对滑膜支原体呈阴性反应时，仅凭病变可作出正确诊断。若是对滑膜支原体的凝集试验呈阳性反应，就要通过血清学试验或者病毒分离鉴定来进行诊断。

【预防与控制】

（1）生物安全措施　采取全进全出的饲养方式，每批鸡出售后，都要进行消毒，彻底消灭环境中的病毒。种蛋和种苗的选择一定要谨慎，严禁从有病的鸡场引入鸡苗和种蛋，对患病的种鸡要坚决淘汰，防止疫病经种蛋垂直传播

（2）免疫接种　预防本病是进行免疫接种。目前市面上有多种国外的灭活疫苗和弱毒疫苗可供选择使用，接种方式也不尽相同。由于禽呼肠孤病毒存在着多个血清型，一定注意疫苗的选择。如果未确定当地病毒株血清型，通常可选用抗原性较为宽广的二价疫苗。种鸡免疫，一般在 1～7 日龄和 4 周龄时各接种一次弱毒疫苗，开产前再接种一次灭活疫苗。对于肉鸡群，多在 1 日龄时接种一次弱毒疫苗。

（3）发病后措施　该病尚无有效的治疗方法。若发现疫情，应尽快淘汰病鸡，以免感染扩散，同时做好消毒卫生工作。

禽脑脊髓炎

禽脑脊髓炎是一种主要侵害幼鸡的病毒性传染病，以共济失调和震颤尤其是头颈部的震颤为特征。本病在世界各养鸡地区都有发生，我国亦有发生。

【病原】

禽脑脊髓炎病毒属于小 RNA 病毒科的肠道病毒属成员。病毒无囊膜，对氯仿、乙醚、酸、胰蛋白酶等有抵抗力。

禽脑脊髓炎病毒的不同毒株间无血清学差异，但是毒株的毒力及对组织器官的嗜性不同，大多数野毒株都是嗜肠性的，也有少数毒株是嗜神经性的，可使雏鸡发生严重的神经症状。

【流行特点】

各日龄的鸡都可自然感染，但通常只有雏禽才表现出明显的临床症状。

病鸡是主要传染源。传播途径既可水平传播，也可垂直传播。幼雏感染后可通过粪便排毒达 2 周以上，然而 3 周龄以上雏鸡感染后仅排毒 5 天左右，病

毒在粪便中可存活4周以上，当易感鸡接触被病毒污染的用具、饲料或饮水时可发生感染。垂直传播是造成本病流行的主要因素，产蛋种鸡感染后，在3周内所产种蛋都会带有病毒，这些种蛋在孵化中一部分死亡，另一部分可孵出病雏，病雏与同群鸡接触又可导致同群鸡感染发病。种鸡在感染后可逐渐产生循环抗体，一般在感染后4周，种蛋内就含有高滴度的母源抗体，既能保护雏鸡出壳后不再发病，同时也会减轻种鸡的带毒和排毒。

本病流行无明显的季节性。

【临床症状】

经卵垂直传播感染潜伏期为1～7天，经接触或经口感染的雏鸡，潜伏期为11天以上。自然发病一般是1～2周龄的雏鸡，也有出壳后即发病的雏鸡。通常3周龄以上雏鸡感染后无明显症状。

病初雏鸡表现精神沉郁，反应迟钝，两腿无力，喜卧，若强行驱赶可勉强走动，但其步态不稳，之后两腿完全麻痹，蹲坐或侧卧不起，出现阵发性肌肉震颤。肌肉震颤通常在共济失调后出现，在腿部、翼部，特别是头颈部震颤最明显。在受刺激或受惊时颤抖加剧。病后期病雏仍有饮欲和食欲，因为颤抖和不能行走，导致无法采食和饮水，最终消瘦衰竭死亡。有的病雏还表现一侧或者两侧晶状体混浊，眼球增大，失明。

1月龄以上的鸡群感染后，仅表现为血清学阳性反应，无临床表现和病理变化。产蛋鸡群感染后一般出现1～2周的产蛋量下降，下降幅度大多在20%以内。

【病理变化】

病雏肉眼可见的特征病变是胃的肌层中有细小的灰白区，是由浸润的淋巴细胞团块组成，一定要细心观察才能发现。

组织学病变主要在中枢神经系统，特别是小脑、延脑和脊髓灰质等部位的病理变化较典型，发生神经元变性、胶质细胞增生、血管周围有淋巴细胞集聚，见到明显的血管套现象。胰腺、肌胃、肝脏和肾脏可见较密集的淋巴细胞增生灶。

【诊断】

根据流行特点、临床症状和组织学病变，可初步诊断。为确诊本病，需要病毒的分离鉴定或者血清学试验。

【预防与控制】

（1）生物安全措施　不从本病疫区引进种苗、种蛋，种蛋务必来自健康免疫鸡群。

（2）免疫接种　种鸡群在生长期接种疫苗后，可以保证其在性成熟后不被感染，防止病毒经卵垂直传播，是防制本病的有效措施。目前常用的疫苗有弱毒疫苗和油佐剂灭活疫苗两类。弱毒疫苗可通过滴鼻点眼或饮水法免疫。活毒疫苗免疫接种一般在10周龄至开产前4周内接种较为合适。活毒疫苗只宜用于流行地区的污染场。油佐剂灭活疫苗，通常在开产前4周肌肉或者皮下接种。接种后1个月内产生免疫效果，免疫期约半年。灭活疫苗既适用于污染场，也可以用于易感鸡场。

（3）发病后措施　本病目前尚无有效治疗方法。鸡群一旦发病，最好全群淘汰，对鸡舍和用具彻底消毒。

鸭　瘟

鸭瘟是由鸭瘟病毒引起的鸭和鹅的一种急性、全身败血性传染病。本病传播迅速，发病率和病死率都很高，已严重威胁养鸭业发展。

【病原】

鸭瘟病毒属于疱疹病毒科，疱疹病毒甲亚科。病毒粒子呈球形，直径为120～180纳米。有囊膜，基因组为双股DNA。

鸭瘟病毒可在9～14日龄鸭胚中生长繁殖，随着传代次数增加，鸭胚通常4～6天死亡。死亡的胚体皮肤出血、水肿，肝有坏死灶和出血，肝的病变具有诊断价值。鸭瘟病毒也可适应13～15日龄鹅胚，但不能直接适应鸡胚，一定在鸭胚和鹅胚传几代后，才能适应鸡胚。病毒能在鸭胚、鹅胚、鸡胚成纤维细胞中培养。接种后6～8小时能检测出细胞外病毒，48小时滴度最高，引起细胞病变，细胞培养物用吖啶橙染色，见到核内包涵体。病毒连续通过鸭胚、鸡胚、鹅胚成纤维细胞传代培养后，毒力减弱。通过此方法进行弱毒株的培育，制备疫苗。鸭瘟病毒存在于病鸭各组织器官、分泌物和排泄物中。肝脏、脑、食道、泄殖腔含病毒量最高。毒株间的毒力有差异，但是各毒株间抗原性是一致的。鸭瘟病毒不能凝集禽类和哺乳动物的红细胞。

鸭瘟病毒对外界的抵抗力不强，80℃ 5分钟即可死亡；炎热夏季在阳光直射下，9小时毒力消失；在秋季（25～28℃）阳光直射下，9小时毒力仍存活；病毒可在4～20℃污染禽舍内存活5天。病毒对低温抵抗力较强，在－7～－5℃经过3个月毒力不减弱；－20～－10℃条件下1年对鸭仍有致病力。病毒对乙醚和氯仿敏感。病毒在pH7～9条件下，经过6小时毒力不变；在pH3和pH11条件下，病毒迅速被灭活。常用的消毒剂对病毒具有杀灭作用。

【流行病学】

不同年龄和品种的鸭均可感染，尤其以番鸭、麻鸭、绵鸭易感性最高，北京鸭次之。自然感染时，成年鸭和产蛋母鸭发病和死亡较为严重，一个月以下雏鸭发病很少。但在人工感染时，雏鸭也很易感，死亡率也很高。在自然情况下，鹅和病鸭密切接触也能感染此病，在一些地区可引起流行。鸭瘟病毒适应于鸡胚后，对鸭失去致病力，但其对1日龄至1月龄雏鸡的毒力大大增高，病死率较高。鸽、麻雀、兔、小鼠对本病无易感性。

鸭瘟的传染源主要是病鸭和病鹅，潜伏期带毒鸭和痊愈后的带毒鸭（至少带毒3个月）也是传染源。被污染的饲料、饮水、用具等都是造成鸭瘟传播的重要因素。某些野生水禽感染病毒后，成为传播本病的自然疫源和媒介。另外，在购买和大批调运鸭群时，也常常使本病传播到其他地区。

鸭瘟主要是经消化道传染，还可以通过交配、眼结膜和呼吸道而传染，吸血昆虫也是本病的传播媒介。人工感染时，经滴鼻、点眼、泄殖腔接种、皮肤刺种、肌肉和皮下注射等方式都可使易感鸭发病。

本病一年四季均可发生，以春夏之际和秋季流行最为严重。由于此时鸭群大量上市，各地鸭群接触较频繁，如若检疫不严，易造成鸭瘟的发生和流行。

【临床症状】

潜伏期一般为2～5天。潜伏期的长短与病毒的毒力和鸭的品种相关。

病鸭体温升高并且稽留至中后期是本病非常明显的特征。病鸭精神沉郁，垂头缩颈，羽毛松乱，翅膀下垂，食欲减退甚至废绝，两腿麻痹无力，行动迟缓，严重者伏卧地上不愿运动，驱赶时，可见两翅扑地行走，走数步后又蹲伏于地上。当两腿完全麻痹时，伏卧不起。病鸭不愿下水，若驱赶它下水，则漂浮水面并挣扎回岸。

流泪和眼睑水肿是本病的另一个特征症状。病初流浆性分泌物，眼部羽毛沾湿，之后变为黏性或脓性分泌物，造成眼睑粘连而不能张开。严重者眼睑水肿或翻出眼眶外，翻开眼睑可见眼结膜充血或小点状出血，有的形成小溃疡。部分病鸭的头颈部肿胀，故本病又俗称为大头瘟。病鸭呼吸困难，呼吸时发出鼻塞音，叫声嘶哑，个别病鸭频频咳嗽，鼻腔中有分泌物流出。

病鸭下痢，排出绿色或灰白色稀便，肛门周围的羽毛被粪便污染并结块。泄殖腔黏膜充血、出血、水肿，严重者黏膜外翻。当用手翻开肛门时，可见到泄殖腔黏膜有黄绿色的伪膜，不易剥离。

病程为2～3天，有的也可拖至1周以上。自然条件下鹅可以感染鸭瘟，其临诊特征与鸭的相似。病程2～3天，病死率90%以上。

【病理变化】

鸭瘟的病理变化主要是血管破损，组织出血，消化道黏膜疹性病变，淋巴器官损伤和实质器官变性。眼睑常常粘连一起，下眼睑结膜出血或是有少许干酪样物覆盖；头颈部肿胀，皮下有黄色胶冻样浸润；食道黏膜有纵行排列的灰黄色伪膜覆盖或者小出血斑点，伪膜易剥离，剥离后食道黏膜留下溃疡面，这种病变具有特征性；肠黏膜淋巴滤泡环状出血；泄殖腔黏膜表面覆盖一层灰褐色或黄绿色伪膜，不易剥离，黏膜上有出血斑点、水肿；有的腺胃与食道膨大部的交界处出现一条灰黄色坏死带或出血带；肝表面有大小不等的出血点和灰黄色或灰白色坏死点，一些坏死点中间有小出血点或其周围有环形出血带，这种病变具有诊断意义；气管出血，肺淤血、水肿、出血。

鹅感染鸭瘟病毒后的病变与鸭相似。

【诊断】

根据流行病学、特征症状和病理变化可作出初步诊断。确诊需作病毒分离鉴定、血清学试验。用于诊断鸭瘟的血清学方法有中和试验、琼脂扩散试验、ELISA 等。

【预防与控制】

（1）生物安全措施　加强检疫工作，引进种鸭或鸭苗时必须严格检疫，鸭运回后须隔离饲养，至少观察 2 周，不从疫区引进鸭。加强卫生消毒制度，对鸭舍、运动场和饲养用具等定期消毒。

（2）免疫接种　按照免疫程序接种鸭瘟疫苗。目前使用的疫苗有鸭瘟鸭胚化弱毒苗和鸭瘟鸡胚化弱毒苗。雏鸭 20 日龄首免，4～5 月后加强免疫 1 次即可。3 月龄以上的鸭免疫 1 次，免疫期可达 1 年。

（3）发病后措施　发生鸭瘟时，立即采取隔离和消毒措施，并对可疑感染和受威胁的鸭群进行紧急疫苗接种，可迅速控制疫情，取得很好的效果。

小鹅瘟

小鹅瘟又称鹅细小病毒感染、雏鹅病毒性肠炎，是由小鹅瘟病毒引起的主要侵害雏鹅和雏番鸭的一种急性或亚急性败血性传染病。1956 年方定一教授等在我国的江苏省扬州地区首次发现了该病，并且定名为“小鹅瘟”。目前世界上许多饲养鹅和番鸭的国家和地区都有本病的发生。

【病原】

小鹅瘟病毒属于细小病毒科细小病毒属，完整病毒粒子呈球形或六角形，直径为 20～22 纳米，无囊膜，二十面体对称，病毒基因组为单股线状 DNA。与哺乳动物细小病毒不同，本病毒无血凝性，与其他细小病毒也无抗原关系。国内外分离到的毒株抗原性基本相同，都为同一个血清型。与番鸭细小病毒存在部分共同抗原，使用交叉中和试验和对基因组作酶切分析表明，鹅细小病毒和番鸭细小病毒存在显著差异。

小鹅瘟病毒在感染细胞的核内复制，病雏鹅的肝、脾、脑、血液、肠道都含有病毒。初次分离可用鹅胚或番鸭胚。将病料接种 12～14 日龄鹅胚的尿囊腔或者绒毛尿囊膜，鹅胚在接种后 5～7 天死亡，死亡鹅胚尿膜绒毛膜局部增厚，胚体皮肤、肝和心脏出血。随着在鹅胚中传代次数的增多，该病毒对鹅胚的致死时间较稳定，在接种后 3～4 天。鹅胚适应毒株经过鹅胚和鸭胚交替传代数次后，可以适应鸭胚并引起部分鸭胚死亡，随着鸭胚传代次数的增加，可引起大多数鸭胚死亡，并且对雏鹅的致病力减弱。

本病毒对环境的抵抗力较强，65℃加热 30 分钟、56℃加热 3 小时其毒力无明显变化，能抵抗乙醚、氯仿、胰酶和 pH3.0 的环境等。

【流行病学】

自然病例仅发生在鹅和番鸭的幼雏。不同品种的雏鹅易感性相似，主要发生于 20 日龄以内的小鹅，1 周龄以内的雏鹅死亡率高达 100%，10 日龄以上死亡率通常不超过 60%。雏鹅的易感性随着日龄的增长而减弱。20 日龄以上的发病率低，而 1 月龄以上的则很少发病。

带毒的种鹅和发病的雏鹅是主要传染源。在自然条件下，易感的成年鹅群一旦传入小鹅瘟病毒，会使少数鹅感染，感染的成年鹅通过粪便排出病毒，引起其他易感的成年鹅感染，群内不断传播，引起整个种鹅群感染。种鹅群带毒时间与鹅群的大小，饲养环境以及鹅群的易感性有密切关系。带毒种鹅群所产的种蛋可带有病毒，带毒的种蛋在孵化时，不论是孵化中的死胚还是外表正常的带毒雏鹅，都可散播病毒。此外，本病毒对不良环境的抵抗力很强，蛋壳上的病原体经过 1 个月孵化期也不能被杀灭，散播病毒致孵化箱污染，导致出壳雏鹅感染，并且在出壳后 3～5 天内大批发病、死亡。

发病的雏鹅通过粪便大量排毒，污染饲料、饮水及用具，通过消化道感染同舍内的易感雏鹅，导致本病在雏鹅群内的流行。

【临床症状】

小鹅瘟的潜伏期与感染时雏鹅的日龄有关。出壳即感染鹅潜伏期为 2～3 天，1 周龄以上感染的潜伏期为 4～7 天。根据病程可分为最急性型、急性型和亚急性型。病程的长短与雏鹅日龄大小有关。

（1）最急性型　多见于 1 周龄内的雏鹅或雏番鸭，突然发病，病程短，精神沉郁后数小时内即表现极度衰弱，倒地后两腿乱划，迅速死亡。一旦发病，死亡率高达 90%以上。死亡的雏鹅喙及爪尖发绀。

（2）急性型　多见于1～2周龄内的雏鹅，精神委顿，食欲减退或废绝，但是渴欲增加，有时虽能随群采食，但将啄得的草随即甩去；不愿走动，严重下痢，排灰白色或青绿色稀便，粪便中带有纤维素碎片或未消化的饲料；呼吸困难，鼻流浆性分泌物，喙色泽变暗；濒死前出现两腿麻痹或抽搐；头多触地。病程1～2天。

（3）亚急性型　见于两周以上的雏鹅，多见于流行后期或低母源抗体的雏鹅。以精神委顿、腹泻和消瘦为主要症状。少数幸存鹅会生长不良。病程一般为5～7天或更长。

成年鹅感染往往无明显的临床症状，但会带毒排毒，成为最重要的传染源。

【病理变化】

（1）最急性型　除肠道有急性卡他性炎症外，其他器官的病变不明显。

（2）急性型　表现全身性败血症变化，全身脱水，皮下组织充血。心脏有明显急性心力衰竭变化，心脏变圆，心房扩张，心壁松弛，心肌颜色苍白，无光泽。肝肿大。特征性症状是小肠中、下段极度膨大，质地坚实，如香肠状。剖开肠管，可见肠腔中充满淡灰色或淡黄色纤维素性栓子。

（3）亚急性型　主要表现为肠道内形成纤维素性栓子。栓子有两种类型：一种是比较粗大的，紧密充满肠腔，由两层组成，中心为干燥密实的肠内容物，外面由纤维素性渗出物和坏死组织混杂凝固形成的厚层伪膜包被，此种栓子表面干燥，呈灰白色，直径1.0厘米。长2～15厘米；第二种是由纤维素渗出物和坏死组织凝固而成，形状不一。有的呈圆条状，表面光滑，两端尖细，直径0.4～0.7厘米，长度可达20厘米以上，如蛔虫样。有的呈扁平状，灰白色如绦虫状。这种栓子不与肠壁粘连。很容易从肠管中剥离出，肠壁仍保持平整，但肠黏膜充血、出血，有的肠段出血严重。

【诊断】

根据流行特点，结合临床症状和特有病理变化，可做出初步诊断。确诊需要做实验室诊断。

【预防与控制】

（1）生物安全措施　严禁从该病正在流行地区购进种蛋、种苗及种鹅，对入孵的种蛋应严格进行药液冲洗和福尔马林熏蒸消毒，以防止病毒经种蛋传播。孵化场必须定期用消毒剂进行彻底消毒，一旦发现被污染，应立即停止孵化，在进行严密的消毒后方能继续进行孵化。新购进的雏鹅，应隔离饲养20天以上，再进行混群饲养。病死的雏鹅应焚烧深埋，对病毒污染的场地进行彻底消毒。严禁病鹅外调或出售。

（2）免疫接种　目前国内多采用小鹅瘟鸭胚化弱毒疫苗在种母鹅产蛋前1个月、半个月各接种1次，半年后再免疫1次，这是目前预防小鹅瘟最为经济有效的办法。如果种鹅未进行免疫，也可用雏鹅弱毒苗接种1日龄的雏鹅。

（3）发病后措施　各种抗菌药物对本病均无治疗作用。对于已感染发病的雏鹅，使用抗小鹅瘟高免血清，血清的用量，对处于潜伏期的雏鹅每只0.5毫升，已出现初期症状者为2～3毫升，10日龄以上者可相应增加用量，一律采取皮下注射。此法对已被感染但尚未发病的雏鹅，保护率可达80%～90%，对于发病初期的雏鹅治愈率为40%～50%，对于临床症状严重的病雏，抗血清的治疗效果甚微。病死雏鹅应焚烧深埋，对于发病鹅舍进行消毒，严禁病鹅出售或外调。

第二节　细菌性传染病的诊断与防治

禽沙门氏菌病

禽沙门氏菌病是由不同血清型的沙门菌所引起的禽类不同类型疾病的总称。它包括鸡白痢、禽伤寒和禽副伤寒三个可以相互区分的疾病。其中鸡白痢由鸡白痢沙门氏菌所引起，禽伤寒由鸡伤寒沙门氏菌所引起，禽副伤寒则由除鸡白痢沙门氏菌、禽伤寒沙门氏菌以外的多种带鞭毛的沙门菌所引起。

【病原】

沙门菌，两端钝圆的中等大杆菌，大小为（0.4～0.6）微米×（2～3）微米，无荚膜，无芽孢，革兰氏阴性菌。鸡白痢沙门氏菌和鸡伤寒沙门氏菌无鞭毛，不能运动。在沙门菌属中，除鸡白痢和鸡伤寒沙门氏菌外，都有鞭毛，能运动。鸡白痢、鸡伤寒沙门氏菌在普通培养基上生长贫瘠，禽副伤寒沙门氏菌在普通培养基上生长良好。

本菌在外界环境中生活力很强，可存活数周到数月，在腌肉中可以存活数月，但是对热和消毒药敏感。

【流行特点】

（1）鸡白痢　鸡白痢最常发生于鸡，其次是火鸡，其他家禽偶见感染。不同品种、日龄与性别的鸡在易感性方面差异显著，如轻型品种鸡的感染率比重型鸡高，母鸡的阳性率比公鸡高。2～3周龄以内的鸡发病率和死亡率很高。病鸡和带菌鸡是本病的主要传染源。本病可以通过多种方式水平传播，但是经蛋垂直传播是本病最重要的传播方式。带菌鸡所产的蛋一部分带菌，造成蛋内感染。大部分带菌蛋在孵化过程中死亡或停止发育，少部分能孵出雏鸡，病雏胎绒的飞散，粪便的污染，孵化室、育雏室内的所有用具、饲料、饮水、垫料及其环境都被严重污染，引起本病的水平传播。感染雏多数死亡，耐过者及同群未发病的带菌雏，在长大后有大部分成为带菌鸡，产出的蛋是带菌蛋，又孵出带菌的雏鸡。所以有鸡白痢的种鸡场会反复感染，代代相传。

（2）禽伤寒　禽伤寒主要发生于鸡，特别是成年鸡和青年鸡，火鸡、珠鸡、孔雀、雏鸭等也可自然感染。病鸡和带菌鸡是主要传染源。种鸡群如有禽伤寒阳性鸡，其后代1日龄即可出现死亡并持续到开产。禽伤寒可通过多种途径水平传播如通过排出的粪便经消化道途径传染给同群鸡，但经蛋垂直传播是本病最重要的传播途径。病愈禽成为带菌者。

（3）禽副伤寒　禽副伤寒常见于鸡、火鸡、鸭、鹅等，常在2周内发病，以6～10日龄雏禽死亡最多，1月龄以上的家禽有较强的抵抗力，一般不引起死亡，也无临床症状。传染源主要是病禽、带菌禽及其他带菌动物，它们通过粪便向外排出病原菌，污染的饲料、饮用水成为主要传染媒介，也可通过污染的种蛋垂直传播。

【临床症状】

（1）鸡白痢

视频：鸡白痢

雏鸡：蛋内感染的大多在孵化过程中死亡，或孵出弱雏和病雏，并大多是在孵化后7天内死亡，且会导致雏鸡群的水平感染。出壳后感染的雏鸡，5～7日龄开始发病死亡，7～10天发病日渐增多，到2～3周龄达到高峰。典型症状是下痢，排出白色、糊状稀粪，泄殖腔四周被粪便污染，干结成石灰样硬块，堵塞泄殖腔导致病雏排粪困难，发出凄厉的尖叫声。有的鸡出现呼吸困难，有的可见关节肿大，出现跛行。耐过的病雏鸡多生长缓慢，成为带菌者。

青年鸡：最明显症状是腹泻，排出颜色不一的粪便，不断有个别鸡只死亡。

成年鸡：无症状或仅出现轻微的症状，一部分鸡排白色稀便，鸡冠和眼结膜苍白。产蛋率、受精率和孵化率下降。

（2）禽伤寒　潜伏期4～5天，雏鸡和雏鸭感染后症状与鸡白痢相似。如经蛋传播在出雏器中可见濒死雏和死雏。在育雏期感染，病雏困倦，生长不良，虚弱，食欲废绝，泄殖腔周围粘有白色粪便。常因肺部受害而出现呼吸困难，病死率在10%～50%。与鸡白痢不易鉴别。育成鸡及成年鸡急性发作者突然停食，腹泻，排黄绿色稀粪，频频饮水。亚急性或慢性病例，食欲减退，生长不良，消瘦，腹泻，病死率低，耐过者长期带菌。

（3）禽副伤寒

雏禽：蛋内感染或早期在孵化器内感染，有的在啄壳前或啄壳时就死亡，或出壳后最初几天发生死亡。各种雏禽的症状相似，主要表现为：嗜睡，垂头闭眼，翅下垂，羽毛松乱，食欲减少，饮水欲增加，白色水样下痢，泄殖腔粘有粪便，在靠近热源处拥挤在一起。雏鸡常有眼盲和结膜炎症状。雏鸭可见颤抖、呼吸困难、泄殖腔粘有粪便、眼睑水肿。

成年禽：常常无症状，有时表现为腹泻症状，一般为隐性带菌，呈慢性经过。

【病理变化】

（1）鸡白痢

雏鸡：急性死亡的雏鸡往往无明显变化，有时肝脏充血、肿大、有条状出血。病程长的可见卵黄吸收不良，内容物呈淡黄色的奶油状或干酪样。特征性病变是在肝、肺、心肌、肌胃、盲肠、脾、肾等处有黄白色坏死灶和灰白色坏死结节。心肌中的结节较大可引起心脏形状改变。盲肠膨大，腔内有干酪样物堵塞。出壳几天内的雏鸡，肺仅表现为出血性肺炎，日龄稍大的病雏肺有黄灰色的肝变区。

青年鸡：肝肿大明显，淤血呈暗红色，或略呈土黄色，质脆易碎，表面有灰白、灰黄色坏死点，有的肝被膜破裂，破裂处有凝血块，腹腔内有血块或血水。

成年鸡：最常见的病变是在卵巢，卵泡变形，色泽变暗，质地变硬，有时也发生腹膜炎和心包炎。公鸡的病变仅限于睾丸和输精管，睾丸萎缩，输精管扩张。

（2）禽伤寒　雏鸡、雏鸭伤寒的病理变化与鸡白痢相似。成年鸡最急性眼观无明显病变，亚急性和慢性型主要表现肝脏肿大并染有胆汁而呈青铜色或绿色，其他变化包括：肝和心肌中有粟粒样灰白色坏死灶，心包炎，腹膜炎，卵泡膜出血、变形和变色，肠道卡他性炎症，胆囊肿大扩张、充满绿色油状胆汁，盲肠有土黄色干酪样栓塞物，大肠黏膜有出血斑，肠管间发生粘连。成年鸭的卵泡及腹腔病变与成年鸡白痢相似。

(3) 禽副伤寒

鸡和火鸡：最急性死亡往往无明显病变，有的可见肝脏肿大，胆囊扩张。病程稍长的可见肝脏和脾脏充血、肿大，有条纹状或者针尖状出血和灰白色坏死点，肺、肾充血，心包积液，肠道炎症明显，盲肠内可见有干酪样栓子堵塞。成年鸡或火鸡的急性病例可见肝、脾和肾充血肿胀，肠道出血、坏死。严重者可见心包炎等。慢性者可见卵泡变形、变色、变质，有时可见卵黄性腹膜炎。

鸭：病雏鸭的肝脏呈青铜色，有灰色坏死灶。盲肠扩张、内含干酪样物质，直肠肿大，出血。成年鸭往往无明显可见的病变。

【诊断要点】

根据流行特点、症状与病变可对鸡白痢、禽伤寒与禽副伤寒做出初步诊断，要确诊必须进行细菌学检查。由于禽副伤寒的沙门菌种类多，且与其他肠道菌可发生交叉凝集，故血清学方法使用得不多。对于禽副伤寒慢性病鸡的生前诊断，目前尚未有可靠的方法进行判定。

【预防与治疗】

(1) 预防

① 建立健康种鸡群。挑选健康的种鸡、种蛋，建立健康种鸡群，坚持自繁自养，全进全出制度，严防病原传入。引进种鸡，需要隔离观察，经过检疫确认健康后方可混群。

② 定期检疫。消灭种鸡中的带菌鸡是控制本病的有效方法。种鸡群每年要定期进行检疫，使用全血平板凝集试验检出的阳性鸡要立即淘汰，净化种鸡群。检测一次通常无法除去所有的感染鸡，建立无白痢种鸡群应间隔2～4周检疫1次，直至连续两次均为阴性。

③ 加强卫生消毒。孵化时种蛋应来自健康种鸡群，入孵前要对种蛋、孵化器、出雏器及孵化室用福尔马林熏蒸消毒，加强鸡舍、用具、设备和周围环境的消毒。

(2) 治疗　喹诺酮类、抗生素类、磺胺类等药物等对本病具有很好的治疗效果，最好通过药敏试验选择敏感的药物进行治疗，但治愈的家禽可能长期带菌，不能作种用。

(3) 公共卫生　禽沙门氏菌病不但危害畜禽，而且还可从畜禽传染给人。带菌的动物和人、被沙门菌污染的禽肉和禽蛋是人沙门菌的主要传染源，其中以家禽数量多、带菌率高而对人类构成威胁，故防止家禽及其产品污染沙门菌已被列为世界卫生组织的主要任务之一，所以，必须做好饲养、屠宰、加工、包装、贮藏、运输等各个环节的卫生消毒及检疫工作。

禽大肠杆菌病

禽大肠杆菌病是由某些血清型的致病性大肠埃希菌引起的禽类急性或慢性的细菌性传染病。临床表现为急性败血症、肉芽肿、脐炎、输卵管炎、滑膜炎、气囊炎、眼炎和腹膜炎等多种病型。本病对养禽业危害极大，能造成巨大的经济损失。

【病原】

大肠埃希菌属于肠杆菌科，埃希氏菌属，为革兰氏阴性、中等大小的杆菌，不形成芽孢，一般有周鞭毛，具有运动性。

大肠埃希菌的血清型极多，不同地区有不同的血清型，同一地区不同鸡场有不同血清型，甚至同一鸡场同一鸡群可以同时存在多个血清型，我国最常见的与禽病相关的血清型是O1、O2、O35和O78。

大肠埃希菌对外界环境的抵抗力属于中等，对物理和化学因素较敏感，在55℃ 1小时或60℃ 20分钟均可被杀死，常用的消毒剂可在数分钟内杀死大肠杆菌。在禽舍内，大肠杆菌在水、粪便和尘埃中可存活数周或数月之久。

【流行特点】

各种禽类对本病都有易感性，之前以鸡、火鸡和鸭最为常见，近年来发现鹅感染率大大提升，主要以种鹅为主，其他如鸽、鹌鹑、鹧鸪等亦有发生。各种年龄的家禽都可感染，但幼禽更易感，肉鸡比其他品种鸡易感。成年禽特别是产蛋禽发生本病，产蛋量下降以及淘汰禽商用价值降低甚至死亡。

本病一年四季均可发生，但以冬末春初较为多见。若是饲养密度大，通风不良，卫生条件差等都可诱发本病发生。本病已成为多种疾病的并发病或继发病。

本病可以通过三种途径进行传播。

① 通过种蛋传播，一方面种蛋产出后被粪便等污染，在蛋温降至环境温度的过程中，蛋壳表面污染的大肠埃希菌很容易通过蛋壳屏障进入蛋内，发生蛋外感染；另一方面患有大肠杆菌性卵巢和输卵管炎的母鸡，在蛋的形成过程中本菌即可进入蛋内，这样就造成本病经蛋垂直传播。交配及人工授精也可造成本病传播。

② 易感禽只通过呼吸道感染被致病性大肠埃希菌污染的空气，进入下呼吸道后侵入血流而引起发病，经呼吸道侵入后也可直接附着在气囊上，大量增殖，引起气囊炎和败血症。

③ 通过消化道感染致病性大肠埃希菌，致病菌经粪便排出后，污染了垫料、饲料、饮水，继而引起本病发生，尤以水源被污染引起发病最为常见。

【临床症状】

(1) 急性败血症　此型比较常见，病禽的发病率和病死率都较高。病鸡常无特殊症状而突然死亡，部分病鸡表现精神委顿，羽毛松乱，食欲下降或废绝，腹部胀满，出现白色或黄绿色下痢。

(2) 卵黄性腹膜炎　这是蛋鸡产蛋中后期常见的一种疾病。病鸡消瘦，动作缓慢或小心移动，迅速陷入衰竭，有些病例出现神经症状。腹部触诊时，患鸡有痛感，腹部膨胀而下垂。

(3) 输卵管炎　多见于产蛋期母鸡。病鸡精神委顿，鸡冠萎缩，食欲下降，排白色粪便，日渐消瘦，产蛋下降或停止，产畸形蛋和内含大肠埃希菌的带菌蛋。

(4) 肉芽肿　该型较少见，但病死率较高。病鸡精神沉郁，食欲减退，活动减少或离群呆立，羽毛蓬乱，鸡冠暗紫色，有的鸡出现黄白色下痢。

(5) 脐炎　指雏鸡的脐部及其周围组织的炎症。主要发生在1周龄以内的雏鸡，病死率高。表现为皮薄发红，脐部闭合不全，腹部大而下垂，排白色或者黄绿色泥土样稀粪，出壳后第一天或延续几天后死亡。

【病理变化】

(1) 急性败血症剖检可见纤维素性炎

纤维素性心包炎：表现为心包腔中积有淡黄色液体，内有灰白色纤维素性渗出物，与心肌相粘连；心包膜混浊、增厚，其上有大量灰白色绒毛状或是片状的纤维素性附着物，此种附着物也见于胸腔其他部位。

纤维素性肝周炎：表现为肝脏肿大，表面有纤维素性渗出物，有时整个肝脏表面覆盖一层灰白色纤维素性薄膜。

纤维素性腹膜炎：表现为腹腔有数量不等的淡黄色腹水，并混有纤维素性渗出物。

(2) 卵黄性腹膜炎　剖检可见腹腔内积有大量卵黄，腹腔内或输卵管内常见有大小不等的淡黄色干酪样凝块，肠管或脏器间发生粘连。

(3) 输卵管炎　输卵管扩张变薄，内积异形蛋样渗出物，表面不光滑，输卵管黏膜充血、出血、增厚。本型可能由于大肠埃希菌从泄殖腔侵入而引起，也可能是腹气囊感染大肠埃希菌而引起。

(4) 肉芽肿　剖检可见十二指肠、盲肠、肝脏、肠系膜、心脏等出现大小不一的肉芽肿。

（5）脐炎　剖检可见脐部周围炎性红肿，卵黄吸收不良。

【诊断】

根据流行病学、临床症状，特别是病理变化，可以作出初步诊断。确诊需作病原菌的分离和鉴定。根据病型采取不同病料，如果是急性败血型，则采取肝、脾、血液；若是局限性病灶，直接取病变组织。采取病料应尽可能在病禽濒死期或死亡不久进行。

【预防与治疗】

（1）预防　加强饲养管理，搞好环境卫生是预防本病的关键。检查水源是否被大肠埃希菌污染，如有则应彻底更换；保持育雏室适当温度及适宜的饲养密度；禽舍及用具经常清洁和消毒；种鸡场应及时集蛋，每天收蛋4次，脏蛋要擦干净。

免疫接种：现场采集病料分离培养细菌，将其制成的灭活菌苗，免疫本场鸡群对预防大肠埃希菌病有一定作用。

（2）治疗　治疗时应先将分离出的致病性菌株进行药敏试验，筛选出高度敏感药物供临床上使用。目前认为较为有效的药物有阿米卡星（丁胺卡那霉素）、环丙沙星等。对出现肝周炎、心包炎、气囊炎和腹膜炎的病鸡无治疗意义，应及时淘汰。

传染性鼻炎

传染性鼻炎是由副鸡嗜血杆菌引起鸡的一种以鼻、眶下窦和气管上部的上呼吸道卡他性炎症为特征的急性传染病。

【病原】

病原是副鸡嗜血杆菌，为革兰氏阴性的多形性小杆菌，不形成芽孢，无荚膜、无鞭毛、不能运动。在鼻分泌物抹片中呈两极染色，(1.0～3.0)微米×(0.4～0.8)微米。该菌为兼性厌氧菌，在含5%～10%二氧化碳的环境中易于生长。该菌对营养的需求较高，常用的培养基为血液琼脂或巧克力琼脂。

副鸡嗜血杆菌抵抗力很弱，在自然环境中很快死亡。采用真空、冷冻干燥的方法可长时间保存菌种。

本菌可分为A、B、C三个血清型。我国已发现A、C两个血清型，但主要流行A型。各血清型之间无交叉反应，病原引起HI抗体，具有型特异保护作用。

【流行特点】

各种日龄的鸡都可感染本病，但随着鸡只日龄的增加易感性增强。自然条件下以育成鸡和成年鸡多发，特别是产蛋鸡发病较多，而且发病时症状最典型、最严重。

本病一年四季均可发生，但冬春两季多发。鸡群饲养密度过大、不同鸡龄混合饲养、通风不良、气候突变这些诱因都能促使鸡群发病。

病鸡和带菌鸡是本病的主要传染源。传播方式以飞沫、尘埃经呼吸道传播为主，也可通过污染的饮水、饲料经消化道传播，并不经蛋传播。

【临床症状】

该病潜伏期一般很短，传播迅速，一旦发病，短时间内便可波及全群。

病鸡精神委顿，垂头缩颈，食欲下降甚至废绝，鸡冠苍白，羽毛松乱，翅膀下垂。鼻腔和鼻窦内有浆液或者黏液性分泌物，为了排出鼻腔分泌物，病鸡不断甩头、打喷嚏，到中后期一侧或两侧面部水肿，甚至蔓延到下颌部或肉髯，导致面部明显肿胀（公鸡尤其明显）。眼结膜发炎，眼睑肿胀，流泪，眼睑被分泌物粘连不能睁开。病程长的鸡角膜混浊、失明，严重的头肿大，眼珠陷入肿胀的眼眶内。当炎症蔓延到下呼吸道时，病鸡出现呼吸困难，呼吸时可听到呼吸啰音。

病程一般 4～18 天，夏季发病时病情较缓和，病程也较短，若饲养管理不善，营养缺乏及感染其他疾病时，病程延长，病情加重，病死率也增高。

【病理变化】

鼻腔和眶下窦呈急性卡他性炎症，黏膜充血肿胀，表面覆有浆液或黏液性分泌物，鼻窦内有多量渗出物凝块，后期变成干酪样物质，眼结膜充血、肿胀，部分鸡可见面部及肉髯皮下水肿。

【诊断】

根据流行情况、临床症状、病理变化可对本病作出初步诊断，确诊需进行病原地分离鉴定、血清学试验、动物接种试验、PCR 等。

【预防与治疗】

（1）预防　搞好综合防制措施，消除发病诱因。不能从有本病或疾病情况不明的种鸡场购进鸡只；新购进的鸡只要进行隔离观察；鸡场与外界、鸡舍与鸡舍之间要保持相当的距离；康复带菌鸡是主要的传染源，应该与健康鸡隔离饲养或淘汰。

保持鸡舍合理的饲养密度和良好的通风条件，不同日龄的鸡只不能混养，饲料营养成分要全面。

注意鸡舍的卫生和消毒。寒冷季节气候干燥，舍内空气污浊，尘土飞扬，应通过带鸡消毒降落空气中的粉尘，净化鸡舍的空气。定期清洗消毒饮水用具，定期饮水消毒。

尽量避免可能发生的机械性传播。

（2）免疫接种 用传染性鼻炎油乳剂灭活苗进行免疫接种，一般在35～40天首免，120天左右二免，可保护整个产蛋期。免疫期为6个月。

（3）治疗 本菌对多种抗生素及化学药物敏感，临床上常选用磺胺类药物、氟苯尼考等。在使用药物进行治疗时，要考虑到鸡群的采食情况，选择合适的给药途径。由于传染性鼻炎易与支原体混合感染，因此选用磺胺类药物，再配合使用红霉素、泰乐菌素和壮观霉素等，可以获得较好的治疗效果。

禽霍乱

禽霍乱又称为禽巴氏杆菌病，是由某些血清型多杀性巴氏杆菌引起的主要侵害鸡、鸭、鹅等禽类的一种接触性传染病。

【病原】

病原是多杀性巴氏杆菌禽源株，菌体为两端钝圆，中央微凸的短小杆菌，长0.6～2.5微米，宽0.2～0.4微米。革兰氏染色阴性，多呈单个或成对存在，不形成芽孢，无鞭毛，不能运动。组织、血液和新分离培养物用瑞氏、吉姆萨氏或美蓝染色镜检，菌体呈明显的两极着色。人工培养基上继代培养后两极着色不明显。

本菌为兼性厌氧菌，普通培养基上均可生长，但不茂盛，37℃培养18～24小时，可见灰白色、半透明、光滑隆起、边缘整齐的露滴状小菌落。在鲜血琼脂、血清琼脂平板上，生长良好。

多杀性巴氏杆菌的抗原结构比较复杂，可用荚膜多糖抗原和菌体脂多糖抗原（O抗原）作为荚膜血清型和菌体血清型。根据细菌的荚膜多糖抗原将多杀性巴氏杆菌分为A、B、D、E、F 5个型。我国流行的禽源巴氏杆菌大部分均为A型。

本菌对外界各种理化因素和消毒药的抵抗力不强。阳光照射、干燥、加热及常用的消毒药容易将其杀死。56℃ 15分钟或60℃ 10分钟条件下死亡，1%石炭酸、1%漂白粉等均可在短时间内将其杀死。

【流行特点】

各种家禽和野禽对本病都易感，家禽中以鸡、火鸡、鸭、鹅、鸽子和鹌鹑最容易感染。雏鸡对巴氏杆菌有一定的抵抗力，感染较少，3～4月龄的鸡和成年鸡较容易感染。鸭比鸡易感，大多呈最急性和急性型。

本病通过呼吸道、消化道黏膜或皮肤外伤感染。病鸡的粪便、分泌物及被污染的用具、土壤、饲料、饮水等是传染的主要媒介。

本病一年四季均可发生，尤其在高温、潮湿、多雨的夏秋两季，以及气候多变的春季更易发生。长途运输、密度过大、营养不良、寒冷潮湿、通风不良、天气骤变、寄生虫感染以及其他不良因素，都会诱发本病。当一批新禽转入带菌禽群，或者把带菌禽调入其他禽群时，更容易引起本病发生。

【临床症状】

自然感染的潜伏期由数小时到2～5天。根据病程长短，临床上可分为最急性型、急性型和慢性型三种类型。

(1) 最急性型　常见于流行初期，尤其是肥胖和高产蛋鸡最容易发生。病鸡突然发病死亡，无明显症状，有的仅见倒地挣扎、拍翅、抽搐，经数分钟或数小时死亡。

(2) 急性型　大多数病鸡为急性型，主要表现为精神沉郁，缩颈闭眼，翅膀下垂，羽毛松乱，食欲下降或废绝，离群独处或躲藏于设备之下，鼻和口中流出混有泡沫的黏液。后期常有剧烈腹泻，粪便初呈灰白色，后转为污绿色并带黏液。呼吸急促，头颈伸直，张口呼吸，有湿啰音，鸡冠和肉髯发绀肿胀，发热和疼痛。病程几小时至几天。耐过鸡转为慢性病例或康复。急性型禽霍乱病死率高，发病后1～3天死亡，呈散发，且多发生在成年鸡。发病鸡群产蛋量减少甚至停止。

(3) 慢性型　该类型的病例出现在流行的后期，也可以由急性型病例耐过后转化而来，或由毒力较弱的菌株引起。病鸡精神委顿，食欲减退，冠髯苍白，有的发生水肿，变硬，出现干酪样变化，甚至坏死脱落，关节肿胀，关节腔内见有干酪样物，跛行。少数病例可见耳部或头部肿胀，鼻窦肿大，鼻腔有较多分泌物，并有特殊臭味。有的病鸡长期腹泻，病程可延长到几周，鸡群产蛋量下降。

鸭的急性型禽霍乱与鸡的基本相似。病鸭不断摇头，企图甩出分泌物，故鸭的禽霍乱有“摇头瘟”之称。

【病理变化】

(1) 最急性型　往往看不到明显的病理变化，仅见心冠状沟及心外膜有针尖大出血点，肝脏可能有灰白色坏死灶。

(2) 急性型　皮下组织和腹腔中的脂肪、肠系膜、浆膜、黏膜有大小不等的出血点。心冠脂肪、心外膜上有很多出血点，心包内积有淡黄色液体，并混有纤维素性渗出物。肝脏的病变最有特征性，呈棕色或黄棕色，肿大，质脆易碎，表面有许多灰白色针头大的坏死灶，家禽的日龄越大，病程越长，肝有坏死灶的病例也越多。肠道尤其是十二指肠呈卡他性或出血性炎症，黏膜红肿，呈暗红色，有弥漫性出血，肠内容物含有血液，有时肠黏膜上覆盖一层黄色纤维素性渗出物。

（3）慢性型　鼻腔、气管、支气管呈卡他性炎症，分泌物增多，肺质地变硬，肉髯水肿，之后发生坏死，腿部和翅膀等部位的关节肿大、变形，有炎性渗出物和干酪样坏死。产蛋鸡还可见到卵巢出血，卵黄破裂，腹腔内脏器官表面上附着卵黄。

【诊断】

通常根据病理变化，结合临床症状和流行特点可作出初步诊断，确诊需进行微生物学诊断和动物接种试验等实验室诊断方法。

【预防与治疗】

（1）预防　加强饲养管理，注意通风换气和防暑防寒，合理设置饲养密度。定期对禽场和禽舍进行消毒消除诱因。尽量做到自繁自养，引进种禽时，必须从无病禽场引进。坚持全进全出的饲养管理制度。

在常发病地区可考虑注射禽霍乱灭活苗，必要时可制作自家禽场灭活苗以提高防制效果。

（2）治疗　发病后应及时隔离病禽，病死禽全部烧毁或深埋。对禽舍、饲养环境和用具进行严格消毒，及时清理粪便并堆积发酵沤熟后利用。对病禽可选用青霉素、链霉素、金霉素、四环素、壮观霉素、卡那霉素、磺胺类、喹诺酮类等药物进行治疗。

鸡葡萄球菌病

鸡葡萄球菌病主要是由金黄色葡萄球菌引起鸡的急性败血性或慢性传染病。雏鸡和中雏发病最多且病死率高，成年鸡多为慢性经过。是集约化养鸡场危害严重的疾病之一。

【病原】

金黄色葡萄球菌呈圆形或卵圆形，革兰氏染色阳性，直径0.7～1.0微米。在固体培养基上生长的细菌呈葡萄状排列，镜下菌体成堆。不形成芽孢，无荚膜，无鞭毛，不运动。

该菌对外界理化因素的抵抗力较强，对干燥、热都具有相当强大的抵抗力。60℃ 30分钟才能被杀死，煮沸可使之迅速死亡。常见的消毒药中，以石炭酸的消毒效果较好，3%～5%石炭酸3～15分钟可杀死本菌。

【流行特点】

金黄色葡萄球菌对多种禽类有致病作用，鸡、火鸡最常见，鸭和鹅也可感染发病。鸡感染则以急性败血型较为多见。

本病一年四季均可发生，特别在多雨、潮湿季节发生较多。葡萄球菌广泛存在于自然界及健康家禽的皮肤、黏膜和羽毛上，鸡只皮肤或黏膜表面的破损，常常成为其入侵的门户，雏鸡脐带感染也是常见的途径。啄伤、带翅号、断喙、饲养管理不良、网刺、刮伤和扭伤都与本病的发生有关。

鸡的发病日龄较为集中，以40～60日龄的鸡发病最多，成年鸡发病较少。平养和笼养都有发生，但以笼养发病最多。

【临床症状】

鸡葡萄球菌病因病原种类和毒力、鸡的日龄、感染部位、机体状态不同，而表现出三种不同的类型。败血症型和脐炎型发病急，病程短，而关节炎型多呈慢性经过。

（1）急性败血型　常发生在40～60日龄的中雏。特征性的症状表现在胸腹部、大腿皮肤呈紫色或紫褐色，触时有波动感，局部羽毛易脱落，用手一抹即可脱掉。有的病鸡皮肤自然破溃，流出紫红色液体，使周围羽毛粘连。有的病鸡在头颈、翅膀背侧及腹面、翅尖、尾部等不同部位的皮肤出现大小不等的出血斑，局部发炎、坏死或干燥结痂，呈暗紫色，无毛。病雏在发病后2～5天死亡，严重者1～2天死亡。

（2）关节炎型　多发生在雏鸡，表现多个关节炎性肿胀，尤其是趾、跖关节多见，肿胀关节呈紫红或紫黑色，有的见破溃，并形成污黑色痂皮。病鸡跛行，不愿站立和走动，多伏卧在水槽或食槽附近，仍能具有食欲和饮欲，但因采食困难或其他鸡只践踏，病鸡逐渐消瘦最后衰弱死亡。病程多为10天左右。

（3）脐炎型　俗称为“大肚脐”，多发生在刚出壳不久的幼雏，因雏鸡脐孔闭合不全感染葡萄球菌后引起脐带发炎。病雏体弱，怕冷，拥挤在热源附近，发出“吱吱”的叫声。腹部膨大，脐孔红肿，局部呈黄红或紫黑色，有分泌物。一般患脐炎的病雏，在出壳后的2～5天内死亡。

【病理变化】

（1）急性败血型　特征性的肉眼病变是胸腹部病变，可见死鸡胸部、前腹部羽毛稀少或脱落，皮肤呈紫黑色，皮下水肿。胸腹部皮下组织充血、溶血，积有大量胶冻状粉红色或黄红色水肿液，水肿可蔓延至两腿内侧、后腹部。胸腹部和腿内侧的肌肉有散在出血斑或条纹状的出血，胸骨柄处的弥散性出血斑或出血条纹特别明显。肝脏肿大、出血，呈紫红色。病程稍长者，肝上有大小不等的白色坏死点。脾脏偶见肿大，呈紫红色。肌胃浆膜、腹腔脂肪、心冠脂肪及心外膜可见出血点。心包积液，呈黄白色半透明状。

（2）关节炎型　可见关节和滑膜炎症，表现关节肿大，滑膜增厚，充血或出血，关节腔内有浆液性、纤维素性渗出物或干酪样物，关节周围结缔组织增生及关节变形。

（3）脐炎型　脐部肿胀，呈紫红色或紫黑色，有暗红色或黄色的渗出液，时间稍久则呈脓性或干酪样渗出。卵黄吸收不良，呈黄红色或黑色。

【诊断】

根据流行特点、临床症状、病理变化情况，可以作出初步诊断，确诊需进行细菌的分离与鉴定、动物接种试验等实验室诊断。

鉴别诊断时应注意与硒缺乏症、病毒性关节炎相区别。

（1）与硒缺乏症相区别　葡萄球菌病多发于40～60天，渗出液呈紫黑色，局部有破损，羽毛易脱落。硒缺乏症多发于15～30天，渗出液呈蓝绿色，局部的羽毛不易脱落，两脚叉开不能靠拢，行走困难。

（2）与病毒性关节炎相区别　葡萄球菌病病鸡关节肿大，发热，触摸时鸡有痛感，卧地不起，腿缩于腹下。病毒性关节炎多发于肉仔鸡，关节肿大，腿外翻，跛行，病死率较低。

【预防与治疗】

（1）预防　日常饲养管理中应防止外伤的发生，对于皮肤外伤做好消毒处理，做好鸡痘疫苗的接种工作；搞好鸡舍卫生及消毒工作；加强饲养管理，饲喂全价饲料，做好通风，避免鸡群拥挤，适时断喙；做好孵化过程中的卫生及消毒工作。疫区可用葡萄球菌多价苗给20天左右的雏鸡注射。

（2）治疗　一旦鸡群发病，要立即全群给药治疗。金黄色葡萄球菌易产生耐药性，应通过药敏试验，选择敏感药物治疗。常选用红霉素、庆大霉素、卡那霉素、环丙沙星等药物治疗。

第三节　其他传染病的诊断与防治

鸡毒支原体感染

鸡感染鸡毒支原体而发生的疾病又称为鸡败血支原体感染，由于其病程长又称之为慢性呼吸道病。临床特征是呼吸啰音、咳嗽、流鼻液、窦部肿胀。

【病原】

本病的病原为鸡毒支原体，呈细小的圆形或卵圆形，革兰氏染色弱阴性，吉姆萨染色着色良好，呈淡紫色。在人工培养时，鸡毒支原体对营养要求高，需要在培养基中加入血清、胰酶水解物和酵母浸出液等才能生长。在固体培养基上发育缓慢，经 3～5 天，可见直径为 0.25～0.6 毫米的小菌落。中心隆起呈"荷包蛋状"，菌落能吸附鸡的红细胞，借以与非致病菌株相区别。

视频：禽支原体病

鸡毒支原体对外界环境的抵抗力不强，一般常用的消毒药物可将其杀死。

【流行特点】

本病主要发生于鸡和火鸡。各种日龄的鸡和火鸡均可感染，以 4～8 周龄的鸡和火鸡最易感。成年鸡多为隐性感染。

发病和隐性带菌的鸡、火鸡是本病的主要传染源。

本病的传播有水平传播和垂直传播两种方式。病原可通过病鸡咳嗽、打喷嚏的飞沫随呼吸道排出，附着在空气中的尘埃上被健康鸡吸入而经呼吸道感染，也可经污染的饲料、饮水、用具等由消化道感染。经卵传播是本病重要的传播方式，感染本病的母禽，孵出的弱雏多带有病原体而成为传染源。

本病一年四季均可发生，以寒冷季节尤为严重。

【临床症状】

本病一般为慢性经过，病程较长。幼龄鸡发病时，症状较典型，表现为咳嗽、打喷嚏、气管啰音和鼻炎。病初流浆液性或黏液性鼻液，有时鼻孔被堵塞妨碍呼吸，频频摇头。随着病情发展，鼻窦发炎肿胀，病鸡呼吸困难、张口呼吸、喘气、咳嗽，如炎症蔓延至下呼吸道引起气囊炎时，喘气、咳嗽及气管啰音更为明显。

产蛋鸡产蛋量下降，孵化率降低，孵出的雏鸡增重受阻。

【病理变化】

病变主要出现在呼吸道。鼻孔、鼻窦、气管、支气管和气囊出现比较多的黏性液体或者卡他性分泌物，气管壁略水肿。气囊的变化具有特征性，早期气囊膜浑浊，增厚，灰白色不透明，常有黄色的泡沫，后期在气囊壁上出现干酪样渗出物。少数慢性病例，可见关节周围组织肿胀，关节液增多，开始时清亮而后混浊，最后呈奶油状。

【诊断】

根据流行特点、临床症状和病理变化可作出初步诊断。确诊须进行病原分离鉴定和血清学试验。血清学试验最常用的是血清平板凝集试验。方法是待检鸡血清滴一滴于白瓷板上，滴加鸡支原体染色抗原一滴，混合，轻轻转动平板，在2分钟内如出现明显的凝集颗粒即为阳性反应。该方法简便快速，主要用作鸡群感染情况判定，不适用于个体诊断。

【预防与治疗】

(1) 预防　净化种禽是防治本病的关键措施。加强饲养管理，健全卫生管理制度，严格消毒，采用全进全出的饲养方式，消除引起鸡抵抗力下降的一切因素。采取措施建立无支原体病的种鸡群，在引种时必须从无本病鸡场购买。

另外疫苗接种是一种减少支原体感染的有效方法。疫苗有两种，弱毒活疫苗和油佐剂灭活疫苗。国际上和国内使用的活疫苗主要是F株疫苗。F株给1日龄、3日龄和20日龄雏鸡滴眼接种，不会引起任何可见症状或气囊上变化，不影响增重。油佐剂灭活苗效果良好，用后能防止本病的发生，并减少诱发其他疾病，增加鸡蛋产量

(2) 治疗　对于发病鸡群，可以选择喹诺酮类药物、泰乐菌素、泰妙菌素、北里霉素、林可霉素和红霉素等进行治疗。鸡毒支原体对许多抗生素易产生耐药菌株，长期单一使用某种药物往往效果不明显。临床用药应该做到剂量适宜，疗程充足，多种药物联合或交替使用，消除应激因素，及时控制并发或继发病。

滑液囊支原体感染

滑液囊支原体感染又称滑液支原体感染是鸡和火鸡的一种急慢性传染病，以关节肿大、跛行、滑液囊和腱鞘发炎为特征。

滑液囊支原体感染病程长，笼养鸡不易被发现，给鸡生产造成巨大的损失。对于商品肉鸡，增加人力和用药成本，降低生长速度和饲料转化率，较高的淘汰率及屠体质量下降；对育成鸡来说，表现出鸡群个体和生殖器官发育不整齐，没有产蛋高峰或产蛋高峰延迟；对种鸡来说，导致较多的死胚、弱雏和较低的孵化率。

【病原】

病原是滑液囊支原体，呈多形的球形体，比鸡毒支原体稍小。革兰氏染色阴性，其他与鸡毒支原体相似。

滑液囊支原体对冷、热、干燥及一般消毒剂都很敏感。因为没有细胞壁保护，在宿主以外的环境中生存能力很差。在湿冷的环境里可存活几天，但是在

干燥和热的环境中只能存活几个小时。若是空舍时间长，就没有能力存活在鸡舍里。

【流行病学】

本病自然情况下仅感染鸡和火鸡，人工感染可致雏鸭和鹅发病。经蛋感染的雏鸡往往在1周龄内发病，4～16周龄的鸡和10～24周龄的火鸡多见。鸡和火鸡的发病率达90%～100%，但病死率一般在1%以下，最高不超过10%。

病鸡和带菌鸡是主要的传染源，此外，疫苗本身带菌也是一个非常重要的传染来源。本病的传播方式为水平传播和垂直传播；易感鸡与感染带菌鸡或火鸡直接接触可感染；病原通过污染空气中飞沫或尘埃经呼吸道感染；也可经卵垂直传播，经卵传染的最高峰在种群感染后的1～2个月，病原潜伏在鸡体内数天到数个月不等，一旦鸡群受到不良因素的刺激，就很快发病，

【临床症状】

自然接触感染的潜伏期为10～20天，经蛋垂直感染的鸡一般1周龄内发病，不同毒株的致病力有较大差异，因此，临床上有些病例表现为严重的关节病症，而有些病例则表现为严重的呼吸道症状，还有二者兼有的。

(1) 关节型　感染初期病鸡精神尚好，饮食正常；病程稍长时，病鸡精神不振，独处，喜卧，常待在料槽和水槽边，食欲下降，生长停滞，消瘦，脱水，鸡冠苍白，严重时鸡冠萎缩，呈紫红色。典型症状是跗关节和趾关节肿胀甚至变形；慢性病例可见胸部龙骨出现硬结，严重者出现胸囊肿。成年鸡症状轻微，仅关节肿胀，体重减轻。

(2) 呼吸型　表现为打喷嚏，咳嗽，流鼻涕。常常在接种活疫苗或受到其他应激如断喙、降温后出现呼吸道症状。

【病理变化】

(1) 关节型　常出现腱鞘炎、滑膜炎和骨关节炎。病初水肿，有渗出物。渗出物初期呈黄色或灰色，清亮，有黏性；随病程发展，渐变混浊，呈干酪样。

(2) 呼吸型　呼吸道黏膜发生卡他性炎症，黏膜水肿、充血、出血。

【诊断】

根据流行病学、临床症状及病理变化可作出初步诊断，确诊需进行血清学检测。血清学检测常用平板凝集试验和血凝抑制试验等方法。滑液囊支原体的平板凝集试验和血凝抑制试验检测方法同鸡毒支原体的检测。

【预防与治疗】

同鸡毒支原体。

禽曲霉菌病

禽曲霉菌病又称霉菌性肺炎，是真菌中的曲霉菌引起多种禽类、哺乳动物和人的真菌病，主要侵害呼吸器官。

【病原】

烟曲霉菌是本病主要的病原菌，致病力是最强的，在自然界中广泛存在，常污染垫料和饲料。其他如黑曲霉、构巢曲霉、黄曲霉和土曲霉等都有不同程度的致病性。

曲霉菌能形成很多分生孢子，排列成串珠状，在孢子柄膨大形成顶囊，囊上呈放射状排列的小梗。曲霉菌的孢子对外界环境的抵抗力很强，120℃干热1小时或在100℃沸水中煮5分钟才能杀死。对化学药品也有较强的抵抗力，一般的消毒剂只能使孢子致弱。

【流行病学】

曲霉菌的孢子广泛存在于自然界，如土壤、稻草、饲料、谷物、养禽环境、动物体表等都可存在。禽类与发霉饲料和垫料接触，吸入大量霉菌孢子，发生曲霉菌的感染。

本病可以引起多种禽类发病，鸡、鸭、鹅、鸽、火鸡和多种鸟类（水禽、野鸟、动物园的观赏禽等）均易感。小火鸡对本病最为敏感，雏鸭次之，珠鸡较不敏感，鹌鹑的易感性也很高。不同年龄的禽类都会感染，特别是1～20天雏禽最易感，常常急性爆发，成禽多为散发。

被曲霉菌污染的垫料和发霉的饲料是本病的主要传播媒介。传播途径主要是经呼吸道感染，环境中的霉菌孢子被禽吸入后，引起肺和气囊的感染。霉菌孢子还可借助于空气流动而散播到较远的地方，引起传染。本病也可经其他途径感染，如消化道感染、静脉注射感染、眼结膜感染、孵化时蛋壳外污染的霉菌侵入蛋内引起胚胎感染。

本病暴发的主要原因是由于孵化室卫生不良、种蛋消毒不严、育雏阶段的饲养管理及卫生条件不良引起。温、湿度较高（如梅雨季节）、育雏室通风不良、阴暗潮湿、饲养密度过大等因素为本病发生的诱因。

【临床症状】

本病通常分为急性型和慢性型两种类型。

急性型又称呼吸型或败血型，常在出现症状后2～3天死亡。雏鸡呼吸急促，伸颈张口，甩鼻，打喷嚏，冠和肉垂因缺氧而发绀，少数病鸡眼、鼻流出分泌物。后期出现下痢，死前倒地，头向后弯曲。有些雏鸡可发生曲霉菌性眼炎，病鸡眼睑肿大，结膜潮红，常在一侧眼的瞬膜下形成黄色干酪样的小球状物，导致眼睑凸出。

慢性型病禽的临床症状较为缓和，常见于成年或青年禽，主要表现为生长缓慢，发育不良，进行性消瘦，呼吸困难，多有腹泻。产蛋禽则产蛋量减少，甚至停产。

【病理变化】

急性型病例，病变主要见于肺部和气囊。肺部有曲霉菌菌落和粟粒大到绿豆大黄白色或灰白色结节，质地坚硬，切面有层状结构，中心为干酪样坏死组织，内含菌丝体呈丝绒状。气囊混浊，呈云雾状，气囊壁上出现圆形隆起的灰绿色霉菌斑。

除肺和气囊外，在气管、支气管、肠浆膜和肝脏也可看到霉菌结节病灶。出现神经症状者在脑部见有脑膜炎的病变。

【诊断】

根据流行病学、临床症状、病理变化可作出初步诊断。流行病学主要是了解是否有接触发霉垫料和喂给霉败饲料。临床症状观察主要是观察雏禽发病较急，呼吸困难症状较明显，但慢性病例的症状不明显，病程也长。剖检可见病死禽的肺部、气囊上有大小不一，数量不等的霉菌结节。确诊需进行病料压片镜检、接种培养等微生物学检查。

【预防与治疗】

（1）预防　曲霉菌病的发生主要是由于饲料和垫料发霉，家禽吸入霉菌孢子而引起。所以，防止饲料和垫料的发霉，是预防本病的重要措施。选择不易发霉的麦秸和稻草作垫料，并经常翻晒和及时更换。购进饲料要严格把关，禁止使用发霉变质的饲料原料。

（2）治疗　发现疫情时应立即找出原因加以排除，如更换垫料，清洗、消毒环境及用具，停喂霉变饲料，并使用药物进行治疗。

制霉菌素：每只雏鸡一次用5000国际单位，饮水，每日2次，连用3天；或每千克饲料加入100万国际单位，混饲，连服2～4天。

硫酸铜：每升水加入0.3克，饮水，连用3～4天。使用硫酸铜时应注意其对金属有腐蚀作用，必须用瓷器或木器装盛。若与制霉菌素同用，则效果更好。

禽念珠菌病（鹅口疮）

禽念珠菌病又称霉菌性口炎、白色念珠菌病，俗称鹅口疮。本病是由白色念珠菌引起的禽类上消化道的一种霉菌性传染病，其特征是在上消化道黏膜发生白色假膜和溃疡。

【病原】

本病的病原是一种类酵母状的真菌，称为白色念珠菌。在沙氏葡萄糖琼脂培养基上形成直径 2～3 毫米、奶油色、凸起的圆形菌落，表面湿润、光滑，边缘整齐。本菌革兰氏染色阳性，但有些芽生孢子着色不均匀，兼性厌氧。

白色念珠菌在自然界广泛存在，可在健康畜禽和人的口腔、上呼吸道和肠道等处寄居。病鸡的粪便中含有多量病原菌，在病鸡的嗉囊、腺胃、肌胃、胆囊以及肠内，都能分离出本菌。该菌对外界环境及消毒药具有很强的抵抗力。

【流行病学】

本病可发生于禽类，如鸡、火鸡、鸽、鸭均可感染，以幼龄禽多发，成年禽亦有发生。鸽以青年鸽易发且病情严重。该病多发生在夏、秋炎热多雨季节。病禽和带菌禽是主要传染来源。病原真菌主要通过分泌物、排泄物污染饲料、饮水经消化道感染。雏鸽感染主要是通过带菌亲鸽的“鸽乳”而传染。禽念珠菌病的发生与禽舍环境卫生状况不良、饲料营养不足有关。鸽群发病往往与鸽毛滴虫并发感染。

【临床症状】

病禽主要表现，精神沉郁，食量减少或停食，羽毛粗乱，消化障碍，嗉囊扩张，下垂、松软，挤压时有痛感，并有酸臭气体或液体自口中排出。有时病禽下痢，粪便呈灰白色，一般一周左右逐渐消瘦死亡。

【病理变化】

病理变化主要在上消化道。可见喙角、口腔和食道有干酪样假膜和溃疡。嗉囊内有酸臭的液体，嗉囊壁皱褶明显，黏膜增厚，被覆一层灰白色斑块状假膜，似“毛巾样”，刮落后可见坏死和溃疡。有的病例腺胃黏膜肿胀、出血和溃疡。

【诊断】

可根据病禽上消化道黏膜白色假膜和溃疡灶做出初步诊断。确诊需采取病变组织或渗出物做抹片检查，观察到酵母状的菌体和假菌丝。分离培养时以初次培养即有大量的白色念珠菌生长才具有诊断意义。还可进行动物接种试验，小鼠和家兔皮下注射本菌后在肾脏和心肌中形成局部脓肿，静脉内注射时在肾脏皮质层产生粟粒样脓肿，在感染组织中发现菌丝和孢子。

【预防与治疗】

（1）预防　本病的发生与卫生条件有密切的关系，禽场应加强饲养管理，减少应激因素的干扰，做好防病工作，提高禽的抗病力。搞好禽舍和饮水的卫生消毒，保持舍内干燥通风，降低饲养密度，做好综合防疫措施是防治本病的关键。

（2）治疗　治疗本病常用1∶3000倍稀释硫酸铜溶液进行全群饮水，连用3天；制霉菌素按每千克饲料加入50～100万国际单位连用1～2周。投服制霉菌素时，还需适量补给复合维生素B，对大群防治有一定效果。对个别严重者可将口腔假膜刮去，涂碘甘油。

第六章
家禽常见寄生虫病和普通病的诊断与防治

第一节　禽寄生虫病的诊断与防治

鸡球虫病

鸡球虫病是由艾美耳属的多种球虫寄生于鸡肠道黏膜内引起的一种寄生虫病。其主要特征是雏鸡多发，患鸡血痢，发病率高。本病的发生具有普遍性，是养鸡业中重要且常见的疾病。

【病原】

寄生于鸡的球虫全世界报道的有9种，目前被公认的有7种，即柔嫩艾美耳球虫、毒害艾美耳球虫、堆型艾美耳球虫、巨型艾美耳球虫、哈氏艾美耳球虫、缓和艾美耳球虫、早熟艾美耳球虫。其中致病力最强、危害最大的是柔嫩艾美耳球虫，寄生于盲肠。其次是毒害艾美耳球虫，寄生于小肠中段。这两种球虫通常被称之为盲肠球虫、小肠球虫。

【发育史】

鸡球虫的发育经历3个阶段：孢子生殖阶段、无性生殖阶段（裂殖生殖法）和有性生殖阶段（配子生殖法）。孢子生殖阶段是在体外完成的，无性生殖阶段和有性生殖阶段是在体内完成的。

鸡球虫的感染过程是：随粪便刚排出体外的卵囊在外界温暖、潮湿的环境中进行孢子生殖后，形成孢子化卵囊即为感染性卵囊，具有致病性，这一阶段为孢子生殖阶段。当鸡通过饲料和饮水摄食了孢子化卵囊后，子孢子游离出来钻入肠黏膜上皮细胞进行裂殖生殖，形成的多核虫体称为裂殖体，一个裂殖体分裂成大约900个第一世代的裂殖子，伴随宿主细胞被破坏，裂殖子进入肠腔，又进入新的上皮细胞，进行裂殖生殖分裂成第二代裂殖体，这样往返若干个世代后，才进行有性生殖阶段的发育。裂殖子开始出现性分化，产生雌性和雄性的配子体，继而分别发育为大、小配子，大配子和小配子结合形成合子。合子周围形成一层厚的被膜，具有被膜的合子叫作卵囊，卵囊随着鸡的粪便排出体外。柔嫩艾美耳球虫的裂殖生殖和配子生殖通常需要 6 天时间，完成整个生活史周期需要 6.5～7 天时间。

【流行病学】

所有日龄和品种的鸡对球虫都有易感性，11 日龄以下的雏鸡由于有母源抗体的保护很少发病。柔嫩艾美耳球虫常发生于 3～6 周龄，毒害艾美耳球虫常发生于 8～18 周龄的鸡。成鸡多为带虫者。病鸡、耐过鸡和带虫鸡为传染源，耐过鸡可持续排出卵囊达 7 个月。

本病的感染途径是消化道。主要是由于雏鸡吃入有活力的孢子化卵囊而发生感染。被带虫鸡粪便污染过的饲料、饮水、垫料和尘埃是主要传播媒介。

发生本病时间与气温和雨量关系密切，通常在温暖多雨的季节流行。南方及北方密闭式现代化养鸡场，一年四季均有发病，但以温暖潮湿的季节多发。饲养管理条件不良成为本病的诱因，如鸡舍潮湿、拥挤、卫生不良、通风不良、饲料品质差、维生素 A 和维生素 K 缺乏等。

【临床症状】

（1）盲肠球虫病　由柔嫩艾美耳球虫引起，对雏鸡危害最大。病初表现为不饮不食，特征症状是发生下痢、粪便带血甚至排出鲜血。病鸡拥簇成堆，战栗，临死前体温下降，重症者常表现为严重的贫血，鸡冠和面部苍白，此外在病的后期常引起严重的神经症状，如运动失调、昏迷、翅轻瘫、两脚伸直或不断痉挛性收缩死亡，死亡率与球虫的致病力、感染的程度，以及是否及时用药有关，处理不及时或不当雏鸡死亡率可高达 50%以上。

（2）小肠球虫病　由毒害艾美耳球虫引起、其症状与盲肠球虫病相似，下痢，但血便不常见，只是粪便的血色发暗，有时呈污黑色，腥臭，死亡率超过 25%。

【病理变化】

柔嫩艾美耳球虫主要损害盲肠，急性死亡者盲肠高度肿胀，为正常的 3～5 倍，出血严重，肠腔中充满凝血块和盲肠黏膜碎片，外表浆膜见大量的出血斑点；慢性则逐渐变干硬和凝固形成栓子堵塞肠腔。

毒害艾美耳球虫主要损害小肠，小肠中段高度肿胀，肠管显著充血、出血和坏死，肠壁增厚，肠内容物中含有多量血液、凝血块和脱落的黏膜。从浆膜面观察，在病灶区可见到小的灰白色斑点和红瘀点。

【诊断】

盲肠球虫根据症状和病变即可作出诊断。因带虫现象极为普遍，小肠球虫正确地诊断，需根据粪便镜检、症状和剖检变化等多方面因素加以综合判断。可取病鸡粪或病变部位的刮取物少许，进行显微镜检查。可根据卵囊特征作出初步鉴定。也可用饱和盐水漂浮法检查粪便中的卵囊。

【预防与治疗】

(1) 预防　加强饲养管理。要做到以下几个方面：雏鸡与成年鸡分群饲养；保证全价饲料的供应，特别强调补充维生素 A；鸡舍要保持干燥、清洁、通风、光照与温度适宜，切忌潮湿；保持适宜的饲养密度；注意鸡舍和鸡群的环境卫生，每 2～3 天清扫粪便。

采用鸡胚传代和早熟选育技术等办法，使球虫的毒力减弱，制成卵囊疫苗，给雏鸡饮水免疫，目前已在种鸡上应用。

(2) 治疗　氨丙啉：每千克饲料加入 250 毫克，连喂 3～5 天，可治疗爆发性球虫病。

磺胺二甲基嘧啶与二甲氧苄氨嘧啶合剂。二者比例 5∶1，每千克饲料加入 900 毫克，连喂 3～5 天。

禽组织滴虫病

组织滴虫病是由组织滴虫属的火鸡组织滴虫寄生于禽类盲肠和肝脏，引起火鸡和鸡的一种急性寄生虫病。本病以肝脏坏死和盲肠溃疡为特征又称盲肠肝炎，因患病禽头部血液循环障碍呈黑紫色而又称为黑头病。

【病原】

火鸡组织滴虫，为多形性虫体，依据其寄生在终末宿主体内的部位分组织型虫体和肠腔型虫体。

组织型虫体呈圆形、卵圆形或变形虫样，直径一般为 8～14 微米。观察时使用恒温镜台（40℃左右）可见虫体伸出指状、叶状或丝状伪足，有时可达数个。无鞭毛，具有伪足。

肠腔型虫体呈圆形、椭圆形或变形状。大小为 5～30 微米。新鲜虫体可呈节律性的钟摆样运动。一般可见一根鞭毛，偶尔见两根，鞭毛长 6～11 微米，平均 8 微米。若加温可见伸出的伪足。

【发育史】

组织滴虫，主要以盲肠中的异刺线虫的虫卵作为媒介。由于异刺线虫有较多的贮藏宿主，如蚯蚓、苍蝇等，因此，禽类食入带组织滴虫的异刺线虫卵或蚯蚓而发生感染。

寄生于盲肠内的组织滴虫，钻入异刺线虫体内，进入其卵巢中繁殖，并进入其虫卵内。当异刺线虫卵随鸡粪排到外界后，组织滴虫因有虫卵卵壳的保护，故能在外界环境中生活很长时间，成为重要的感染源。

蚯蚓充当本病的搬运宿主。蚯蚓吞食土壤中的鸡异刺线虫虫卵或幼虫后，组织滴虫随同虫卵或幼虫进入蚯蚓体内，鸡食入这样的蚯蚓，既感染了异刺线虫，同时也感染了组织滴虫。因此，蚯蚓起到一种自养鸡场周围环境中收集和集中异刺线虫虫卵的作用。预防组织滴虫病，必须考虑蚯蚓在此中所起的作用。

【流行病学】

该病通过消化道而感染。当暴发流行时，健康家禽采食被病禽粪便污染的饲料、饮用水或接触被病禽粪便污染的用具及土壤而感染。

火鸡是组织滴虫的主要宿主。火鸡可严重感染组织滴虫病，并发生死亡；鸡也可被感染，但很少呈现症状。动物的年龄、品种与发病密切相关。幼龄易感，2 周龄～4 月龄的幼龄火鸡易感性最强，死亡率也高。成年鸡多为带虫者，而感染严重时出现急性发病。该病一年四季均可发生，但以温暖、潮湿、多雨的夏秋季发生较多。饲养管理和卫生条件不佳易导致该病的发生。

【临床症状】

本病潜伏期为 7～12 天，最短为 5 天，常在感染后第 11 天出现症状。病鸡下痢，粪恶臭呈淡黄色或淡绿色，严重者粪中带血，甚至完全是血便。病后期，火鸡头部变为蓝紫色或黑色，常常痉挛而死。病程通常为 1～3 周。病愈康复鸡的体内仍有组织滴虫，可带虫数周至数月。成年鸡很少出现症状。

【病理变化】

盲肠增大，肠壁肿胀，肥厚而坚实，形似香肠。肠腔充满浆液性和出血性渗出物，渗出物常发生干酪化，形成干酪样的肠芯，似凝固栓塞，栓塞的横切面呈同心层状，中心是黑红色的凝固血块，外围包被灰白色或淡黄色的渗出物和坏死物质。肝脏出现特征性的病变，肝脏肿大，呈紫褐色，表面出现黄色或黄绿色局限性圆形的、中央稍凹陷、边缘稍隆起的坏死区，直径达 1 厘米，有豆粒大甚至指头大。下陷的病灶周围形成一个同心圆的边界。在成年火鸡和鸡，肝的坏死区可能融成片，形成大面积的病变区。

【诊断】

在一般情况下，根据组织滴虫病的特异性肉眼病变和临诊症状便可诊断。

如要确诊需用实验室方法检查出粪便中的病原体。方法如下：用约40℃的生理盐水稀释盲肠黏膜刮下物，做成悬液标本，镜下可见呈钟摆运动的虫体。取肝组织切片，吉姆萨染色镜检可见组织性虫体。

【预防与治疗】

（1）预防　驱除鸡异刺线虫是防治本病的根本措施。火鸡与鸡不能同场饲养，成鸡与幼龄鸡要分开饲养。加强饲养管理，保持鸡舍内干燥，尤其注意卫生管理，及时清除粪便、垫料及运动场上蚯蚓，并将其进行生物热处理。

（2）治疗　用下列药物进行组织滴虫病的治疗，可获得一定的效果。甲硝唑，每千克饲料加入250毫克，每日3次，连用5天。

二甲基咪唑，每千克饲料加入600～800毫克，连用不超过5天，产蛋鸡禁喂。

禽住白细胞虫病

住白细胞虫病俗称“白冠病”，由住白细胞虫寄生于鸡的白细胞和红细胞内引起的一种血液寄生虫病。本病对雏鸡危害严重，发病率高，常引起大批死亡。

【病原】

鸡住白细胞虫有2种：卡氏住白细胞虫和沙氏住白细胞虫。其中卡氏住白细胞虫致病性较强且危害较大。卡氏住白细胞虫配子体寄生在鸡的红细胞和白细胞内。配子体的发育形态，按其形成的阶段不同而分为5个时期。沙氏住白细胞虫成熟的配子体为长形，宿主细胞呈纺锤形，细胞核呈深色狭长的带状，围绕着虫体的一侧。

【发育史】

鸡是本虫的唯一宿主。其发育包括三个阶段，即裂殖增殖、配子生殖和孢子生殖。本虫的发育需要有昆虫媒介，卡氏住白细胞虫的发育在库蠓体内完成，沙氏住白细胞虫的发育在蚋体内完成。

裂殖生殖发生在鸡的内脏器官。当吸血昆虫（如库蠓或蚋）吸血时随其唾液将住白细胞虫的子孢子注入鸡体内，子孢子形成裂殖体，随血流转移至其他寄生部位，如肾、肝和肺等。裂殖体在这些组织内继续发育，释放出成熟的球形裂殖子。这些裂殖子进入肝实质细胞形成直径可达45微米的肝裂殖体。还有一些裂殖子则进入红细胞或白细胞进行配子生殖。

配子生殖在鸡的末梢血液或组织中完成。宿主细胞是红细胞、白细胞、成红细胞、淋巴细胞。裂殖子进入血液中的红细胞和白细胞内形成配子体，配子体经过配子生殖产生雌、雄配子。

被寄生的白细胞发生变形，往往变成两头尖的梭形或纺锤形，白细胞的核被挤于一端，其细胞质被压至虫体两侧。

孢子生殖当含配子的血液被库蠓或蚋吸食后，在胃内雌雄配子迅速长大，并结合成合子，进一步发育成囊合子。囊合子在昆虫胃内进行孢子生殖，形成子孢子，3 天以后子孢子可在昆虫的唾液腺内出现。当这样的昆虫再吸血时又将子孢子传入健康的鸡体内，重复以上的发育史。

【流行特点】

本病传播媒介是库蠓和蚋。本病的流行与传播者的活动有密切关系。一般在气温 20℃以上时，库蠓繁殖快，该病流行也严重。沙氏住白细胞虫的流行与蚋的活动密切相关。

本病多发生于雏鸡，一月龄左右的雏鸡发病严重，死亡率高。母鸡感染后，个别发生死亡，多数耐过后，鸡只消瘦，产蛋量下降，一般为带虫者。

【临床症状】

以 3～6 周龄雏鸡发病最为严重，症状明显，病死率高。病初口中流涎，拉绿色稀粪。鸡冠和肉垂苍白，两肢轻瘫。严重的突然咯血或口中流出鲜血，呼吸困难而死亡，此为特征性症状。

青年鸡和成年鸡感染后病情较轻，死亡率也较低。病鸡鸡冠苍白，逐渐消瘦，拉水样的白色或绿色稀粪，青年鸡发育受阻，成年鸡产蛋率下降，甚至停止产蛋。

【病理变化】

肌肉（尤其是胸肌、腿肌、心肌）有大小不等的出血点或出血斑。内脏各器官广泛出血，尤其在肾、肝和肺，肾包膜下有大量的血块积聚。肺部两侧充满血液，其他器官如心、脾、胰腺、气管、腺胃、肌胃等也见有点状出血，肝、脾高度肿大。心肌、胸肌、腿肌和各内脏器官有灰白色或稍带黄色小结节，针尖至粟粒大，与周围组织有明显界限。

【诊断】

根据发病特点，临床症状和病理变化，可作出初步诊断。确诊可采血涂成薄片或制作脏器触片，用吉姆萨染色液染色，镜下发现虫体便可。

【预防与治疗】

（1）预防　鸡住白细胞虫的传播与库蠓和蚋的活动密切相关，因此消灭这些昆虫媒介是防治本病的重要环节。为防止其进入鸡舍，在流行季节应用杀虫剂喷洒鸡舍及其周围环境。

（2）治疗　磺胺二甲氧嘧啶，每升水加入500毫克，混饮，连用2天，然后再按每升水加入300毫克，混饮，连用2天。

磺胺-6-甲氧嘧啶，每千克饲料加入2克，连用3～5天。

鸡蛔虫病

鸡蛔虫病是禽蛔科禽蛔属的鸡蛔虫寄生于鸡小肠内引起的疾病。该病遍及全国各地，影响雏鸡的生长发育，甚至造成大批死亡，严重影响养鸡业的发展。

【病原】

鸡蛔虫是寄生于鸡体内最大的一种线虫，呈黄白色线状，表皮有横纹。雄虫长26～70毫米，雌虫长65～110毫米。虫卵呈卵圆形，深灰色，卵壳厚，大小为（7～90）微米×（47～51）微米，内含单个胚细胞。虫卵对外界环境、不良因素和消毒药有较强的抵抗力，在阴暗潮湿环境中可长期生存。但对干燥和高温甚为敏感，特别是阳光直射、粪便堆沤时，虫卵可迅速死亡。

【发育史】

受精雌虫在鸡的小肠内产卵，卵随粪便排到外界，在适宜条件下经8～15天发育为感染性虫卵（含有感染性幼虫的虫卵）。鸡吞食了被感染性虫卵污染的饲料和饮水后，幼虫在鸡的腺胃和肌胃处逸出，并钻入肠黏膜，经一段时间的发育后，再回到肠腔发育为成虫。从鸡吃入感染性虫卵到在鸡小肠内发育为成虫，需35～50天。

【流行病学】

不同年龄、品种鸡都可感染，但3～4月龄的雏鸡易感性最强，病情较重。超过5～6月龄的鸡抵抗力较强。一岁以上鸡常成为带虫者。一般本地鸡种较外来鸡种抵抗力强。饲养管理条件好的鸡抵抗力强。

【临床症状】

雏鸡表现为生长发育不良，精神委顿，行动迟缓，翅膀下垂，羽毛松乱，鸡冠苍白，黏膜贫血，消化机能障碍，逐渐衰弱而死亡。成鸡轻度感染时，症状不明显。

【病理变化】

小肠黏膜发炎、出血，肠壁上有颗粒状化脓灶或结节。严重感染时可见大量虫体聚集，相互缠结，引起肠阻塞，严重时引起肠破裂和腹膜炎。

【诊断】

出现鸡冠苍白，黏膜贫血，消化机能障碍者，通过粪便检查（直接涂片法或饱和盐水漂浮法）查出虫卵，可作出初步诊断，剖检见肠道中有大型线虫，可作出确诊。

【预防与治疗】

（1）预防　本病应加强饲养管理，搞好环境卫生。在饲料方面应用全价饲料，特别应富含足够动物性蛋白、维生素A、维生素B，以防止或减轻感染。在管理方面上，应将鸡场定期预防性驱虫，每年进行2～3次定期驱虫。

（2）治疗　左旋咪唑，每千克体重25毫克，一次混料内服。丙硫咪唑，每千克体重10毫克，一次混料内服。

鸡异刺线虫病

鸡异刺线虫病是由异刺科异刺属的鸡异刺线虫寄生于鸡盲肠内所引起的疾病。本病在鸡群中普遍存在。

【病原】

鸡异刺线虫，虫体较小，呈白色细线状。雄虫长7～13毫米，尾部直而尖细，有两根不等长的交合刺。雌虫长10～15毫米，尾细长，阴门位于虫体中部稍后方。虫卵呈椭圆形，灰褐色，壳厚，内含单个胚细胞。虫卵大小为(65～80)微米×(35～46)微米，虫卵对外界因素抵抗力很强。

【发育史】

鸡异刺线虫在鸡盲肠内产卵，虫卵随粪便排出后，在适宜的温度和湿度下，约经2周发育为含幼虫的感染性虫卵。鸡食入含感染性虫卵的饲料、饮水或含虫卵的蚯蚓后，感染性虫卵在鸡小肠内很快孵出幼虫，移行到盲肠，钻入黏膜内，幼虫在黏膜内经过一段时间的发育后，重返肠腔发育为成虫。

【流行病学】

各种年龄家禽均有易感性，但营养不良和饲料中缺乏矿物质（尤其是磷和钙）的雏鸡最易感。有时感染性虫卵被蚯蚓吞食，可在蚯蚓体内长期保持生命力，当鸡吃入蚯蚓时感染本病。

【临床症状】

病鸡消化机能障碍，食欲减退，发育停滞，消瘦，严重时造成死亡。成年鸡产蛋量下降。

【病理变化】

病鸡尸体消瘦，盲肠肿大，肠壁发炎和增厚。盲肠内可见虫体，尤以盲肠尖部虫体最多。

【诊断】

可采用直接涂片法或饱和盐水漂浮法进行粪便中虫卵检查，并结合病理变化，观察盲肠病变，发现虫体即可确诊。

【预防与治疗】

参照鸡蛔虫病。

禽羽虱

禽羽虱属于节肢动物门，昆虫纲，食毛目，是鸡、鸭、鹅的常见外寄生虫。它们寄生于禽的体表或附于羽毛、绒毛上，严重影响禽群健康和生产性能，常造成很大的经济损失。

【病原】

虱个体较小，一般体长1～5毫米，呈淡黄色或淡灰色，由头、胸、腹三部分组成，咀嚼式口器，头部一般比胸部宽，上有一对触角，由3～5节组成，有3对足，无翅。

【发育史】

虱的一生均在禽体上度过，属永久性寄生虫，其发育为不完全变态发育，所产虫卵常簇结成块，黏附于羽毛上，经5～8天孵化为稚虫，外形与成虫相似，在2～3周内经3～5次蜕皮变为成虫。虱的寿命只有几个月，一旦离开宿主，它们只能存活数天。

【临床症状】

家禽皮肤瘙痒，骚动不安，渐渐消瘦，产蛋禽产蛋量下降，并因啄食寄生部位，引起羽毛脱落。对雏鸡危害更为严重，可造成生长发育停滞，甚至会造成死亡。

【诊断】

在禽皮肤和羽毛上查见虱或虱卵即可确诊。

【预防与治疗】

预防与治疗主要是用药物杀灭禽体上的虱，同时对禽舍、笼具及饲槽、饮水槽等用具和环境进行彻底杀虫和消毒。杀灭禽体上的虱，可根据季节、药物制剂及禽群受侵袭程度等不同情况，采用不同的用药方法。

（1）烟雾法　20%杀灭菊酯（敌虫菊酯、速灭杀丁、氰戊菊酯、戊酸氰醚酯）乳油，按每立方米空间0.02毫升，用带有烟雾发生装置的喷雾机喷雾，烟雾后鸡舍需密闭2～3小时。

（2）喷雾或药浴法　20%杀灭菊酯乳油按3000～4000倍用水稀释，或

2.5%敌杀死乳油按400～500倍用水稀释，或10%二氯苯醚菊酯乳油按4000～5000倍用水稀释，直接向禽体上喷洒或药浴，均有良好效果。一般间隔7～10天再用药一次，效果更好。

鸡膝螨病

鸡膝螨病是由疥螨科膝螨属的突变膝螨和鸡膝螨寄生于鸡引起的。

【病原】

突变膝螨雄虫大小为（0.195～0.2)毫米×(0.12～0.13)毫米，卵圆形，足较长，足端各有一个吸盘。雌虫大小为（0.4～0.44)毫米×(0.33～0.38)毫米，近圆形，足极短，足端均无吸盘。雌虫和雄虫的肛门均位于体末端。鸡膝螨比突变膝螨更小，直径仅0.3毫米。

【发育史】

全部在鸡体上进行，属永久性寄生虫。突变膝螨寄生于鸡腿无毛处及脚趾部皮内的坑道内进行发育和繁殖，引起患部炎症，发痒，起鳞片，继而皮肤增厚，粗糙，甚至干裂，渗出物干燥后形成灰白色痂皮，如同涂石灰样，故称“石灰脚”，严重病鸡腿瘸，行走困难，食欲减退，生长缓慢，产蛋减少。鸡膝螨寄生于鸡的羽毛根部，刺激皮肤引起炎症，皮肤发红，发痒，病鸡自啄羽毛，羽毛变脆易脱落，造成“脱羽症”，多发于翅膀和尾部大羽，严重者，羽毛几乎全部脱光。

【预防与治疗】

治疗鸡突变膝螨病，应先将病鸡腿浸入温肥皂水中使痂皮泡软，除去痂皮，涂上20%硫黄软膏，或2%石炭酸软膏，或将病鸡腿浸在机油、柴油或煤油中，间隔数天再用一次。也可将20%杀灭菊酯乳油用水稀释1000～2500倍，或2.5%敌杀死乳油用水稀释250～500倍，浸浴患腿或患部涂擦均可，间隔数天再用药一次。治疗鸡膝螨病，可用上述杀灭菊酯或敌杀死水悬液喷洒患鸡体或药浴。

第二节　禽普通病的诊断与防治

骨骼发育异常

骨骼发育异常是指维生素缺乏或钙、磷吸收和代谢障碍，骨骼正常发育受阻，以雏鸡佝偻病和缺钙症状为特征的营养缺乏症。

【病因】

（1）饲料中钙、磷含量不足　家禽饲料中钙、磷含量不能满足机体的需要，生长发育和产蛋期的家禽对钙、磷需要量较大，容易产生钙、磷缺乏症。

（2）饲料中钙、磷比例不合理　钙、磷在饲料有适当的比例才有利于吸收。肠道吸收钙、磷最佳的比例是雏禽饲料中钙、磷比为2∶1，产蛋禽为4∶1。

（3）饲料中维生素D不足　维生素D能够调节钙、磷的代谢，若是维生素D不足影响肠道正常充分地吸收钙、磷而引起钙、磷缺乏症的发生。

（4）氟过量　作为钙、磷来源的磷酸氢钙含氟量超标，过量氟可影响骨的钙化，使骨骼脱钙，骨质变得疏松。

【临床症状】

雏鸡或育成鸡表现生长迟缓，骨骼发育不良，腿无力，驱赶后虽能走几步又很快蹲地；严重时两腿变形外展，形成佝偻病或出现瘫痪。产蛋鸡则表现为产蛋减少，蛋壳变薄，产软壳蛋。

【病理变化】

雏鸡喙壳变软，胸骨弯曲变形，严重者呈S形。翅、腿部长骨骨质变软，较易弯曲，其中股骨、胫骨和跖骨近端切面可见生长盘增宽，腿骨折而不断。脊柱骨质变软呈S形弯曲。最具诊断意义的病变是肋骨增粗变圆，质软弯曲呈V形或波浪状。成年鸡钙缺乏的病变为骨骼变薄甚至发生骨折，尤以椎骨、肋骨、胫骨和股骨最为常见。

雏鸭剖检特征为肋骨质软易弯，骨干内表面出现绿豆大、白色半球状突起的佝偻病串珠；上颌骨极度柔软似橡皮，对折不断；胫骨多呈弓形弯曲，骨干增粗，中部多见骨折且呈球状膨大、质硬。

【诊断】

根据症状和剖检骨骼硬度检查，结合分析饲料中钙、磷、维生素D的配方设计量及比例，或饲料的化验分析确定实际含量，基本可做出诊断。

【预防与治疗】

（1）预防　保证日粮中足够的钙、磷和维生素D，并且比例要适当。生长鸡日粮中钙最适需要量为0.9%～1.0%，产蛋鸡的最适需要量为2.25%～3.25%，磷的最适需要量为0. 55%～0.65%。用时需化验所用原料（如贝壳粉、石粉等）的钙、磷含量，根据鸡的需要量，算出实际添加量，而且要调整好钙、磷的比例。

（2）治疗　发病后先化验饲料，确定钙、磷和氟的含量，若日粮中钙多磷少，则在补钙的同时要重点补磷，使用磷酸氢钙、过磷酸钙等制剂补磷。若日粮中磷多钙少，则主要是补钙，可选用贝壳粉。

啄 癖

啄癖又称异食癖，是鸡的一种常见病，多指鸡群中互相啄食，导致外伤，引起死亡或胴体质量降低，产蛋减少等。啄癖的形式很多，常见的有啄肛癖、啄趾癖、啄羽癖和啄蛋癖等，以啄肛癖危害最严重。

【病因】

异食癖的病因很复杂，大致分为饲养管理和营养因素两方面，具体有以下原因：鸡舍光线过强；鸡群饲养密度过大，给料量不足，采食拥挤；皮肤外伤、出血，有鸡羽虱等体外寄生虫；饲料中食盐含量不足；饲料中铜、钴、锰、钙、铁、硫和锌等矿物质含量不足；饲料中含硫氨基酸（蛋氨酸、胱氨酸）不足；鸡对红色的好奇喜啄。

【临床症状】

（1）啄肛癖　多发生在产蛋母鸡和母鸭，特别是产蛋时期，由于腹部韧带和肛门括约肌松弛，产蛋后泄殖腔不能及时收缩回去而留露在外，造成互相啄肛。

（2）啄羽癖　幼鸡、中鸭在开始生长新羽毛或换小毛时易出现，产蛋鸡在盛产期或换羽期也可发生。先由个别鸡自食或互食羽毛导致背后部羽毛稀疏残缺，然后很快传播开，影响鸡群的正常生长发育、产蛋量。会导致鸭毛残缺，新生羽毛根很硬，品质差而不利于屠宰加工利用。

（3）啄趾癖　大多是幼鸡喜欢互相啄食脚趾，引起出血或跛行等症状。

（4）啄蛋癖　多见于鸡产蛋旺盛的春季，多由于饲料中缺钙和蛋白质导致。

【诊断】

啄癖家禽有明显可见的症状，较易诊断。

【预防与治疗】

（1）预防　适时断喙这是预防啄癖最确实有效的方法。可采用两次断喙法，即7～9日龄进行首次断喙，70日龄时再修喙1次。遮光降低光线刺激。供给全价日粮满足鸡对各种必需氨基酸、维生素和微量元素的需要。改善饲养管理定时供料、供水，间隔时间不可过长。饲养密度要适宜不可过大。鸡舍通风良好，照明要适度。检查并调整日粮配方，找出缺乏的营养成分并及时补给如蛋白质和氨基酸不足，则需添加豆饼等；若暂时弄不清啄羽病因，可在饲料中加入2%石膏粉，或每只病鸡每天给予0.5～3.0克石膏粉；若是缺盐引起的啄癖，在日粮中暂时（2天）添加2%食盐，保证供足饮水，啄癖很快消失，随之停止增加的食盐量，维持0.3%～0.5%的添加量，以防发生食盐中毒；若缺硫引起的啄肛癖，在饲料中加入1%硫酸钠，3天之后即可见效，啄肛停止后，暂改为1%的硫酸钠加入饲料内，作为预防。

（2）治疗　有啄癖的鸡、鸭和被啄伤的病禽，要及时尽快地挑出，隔离饲养、治疗或淘汰。

脂肪肝综合征

脂肪肝综合征又称脂肪肝出血综合征，是一种因体内脂肪代谢障碍，大量脂肪沉积在肝脏，引起肝脏发生脂肪变性，并可造成肝破裂出血而导致急性死亡的疾病。

【病因】

本病的发生与以下几种情况有关。鸡的运动受到限制又摄入过高的能量饲料，使脂肪过度沉积；饲料中蛋白质含量过高，造成蛋白质过剩，转化为脂肪蓄积；在营养良好、产蛋率处于高峰时，突然由于光照不足，饮水不足或其他应激因素，产蛋量较大幅度地下降，导致营养过剩，转化为脂肪蓄积；饲料中含有黄曲霉毒素；缺乏维生素。

【临床症状】

病鸡体况发育良好，精神、食欲良好。多为明显肥胖的鸡常突然死亡，或由于惊吓、捕捉而死亡。

【病理变化】

剖检可见皮下脂肪多。肝呈黄褐色或深黄色的油腻状，质脆、易碎。腹腔或肝脏表面有大块凝血。产蛋鸡还可见腹腔和肠表面有大量脂肪沉积，输卵管末端常有一枚完整而未产出的硬壳蛋。

【诊断】

根据病理变化可作出初步诊断，确诊进行实验室检查，肝糖原和生物素含量减少，血清胆固醇增高，每100毫升605～1148毫克或以上，血钙增高为每100毫升28～74毫克。

【预防与治疗】

（1）预防　加强饲养管理，合理搭配饲料，使各种营养物质既能满足鸡的生理需要又不过剩。注意蛋氨酸和胆碱的补给，因为胆碱与蛋氨酸具有协同作用，可防止脂肪在肝脏中沉积，还可降低鸡体对蛋氨酸的需要量；在饲料中添加质量可靠的多维和微量元素添加剂，这样不仅可预防本病，也有利于提高产蛋量；避免使用发霉饲料，尤其是变质的花生饼，其发霉产生的黄曲霉毒素可损伤肝脏，引起脂肪代谢障碍。

（2）治疗　本病目前没有特效的治疗方法，只是进行一些对症治疗，以缓解症状，促进恢复。可采用每千克饲料中添加氯化胆碱1克，蛋氨酸1.2克，维生素E 20国际单位（IU，1IU维生素E约0.668毫克，此处约为13.36毫克），维生素B_{12} 0.012毫克，肌醇1克，生物素0.3毫克，维生素C 0.1克，均匀混入饲料中，连喂2周，效果良好。

家禽痛风

家禽痛风是由于禽体内蛋白质代谢障碍或肾脏损伤使尿酸或尿酸盐在体内积蓄的营养代谢性疾病。其特征为在内脏或关节中均有尿酸盐沉积，故又称尿酸盐沉着症。

【病因】

本病的发生原因比较复杂。一般认为痛风与喂大量富含高蛋白质饲料，导致尿酸量过大；饲料中长期缺乏维生素A和维生素D；饲料中钙的含量高及磷的含量低；磺胺类药物用量过大或用药时间过长，损害肾脏；某些疾病（如传染性支气管炎、传染性法氏囊炎、鸡白痢、球虫病、盲肠肝炎等）以及其他任何可引起肾功能不全的因素有关。

【临床症状】

因尿酸盐在体内沉积的部位不同，痛风可分为内脏型痛风和关节型痛风两种类型。

（1）内脏型痛风　多呈急性经过，初期表现食欲不振，逐渐消瘦，肉冠苍白、贫血，精神沉郁，排白色半液状稀粪，粪中含有多量的尿酸盐，羽毛蓬松，常常突然死亡。

（2）关节型痛风　特征是脚趾和腿部关节肿胀，活动软弱无力。

【病理变化】

（1）内脏型痛风　在胸膜、腹膜、肠系膜、心、肝、肾、肠等器官的浆膜表面布满石灰样的尿酸盐。输尿管被白色尿酸盐所阻塞，肾肿大，色泽变淡，表面有白色小点，充满尿酸盐。

（2）关节型痛风　可见关节表面和关节周围的组织中有白色的尿酸盐沉着。

（3）混合型　有时内脏型痛风与关节型痛风病变混合出现。

【诊断】

根据饲喂富含核蛋白和嘌呤碱的蛋白质饲料过多的病史及临床症状和病理

剖检即可初步诊断。结合实验室检查如出现高尿酸血症（血液中尿酸浓度高达每100毫升10毫克以上）时即可进一步诊断。确诊尚需取内脏表面或肿胀关节内的石灰样沉着物镜检。

【预防与治疗】

（1）预防　加强饲养管理；保证饲料的质量和营养的全价，尤其不能缺乏维生素A，钙磷比例适当，以添加沙砾的方式补钙；不喂含霉菌毒素的饲料；不要长期或过量使用对肾有损害的药物及消毒剂，如磺胺类药物、庆大霉素、卡那霉素、链霉素等。

（2）治疗　降低饲料中蛋白质的水平，特别是限制动物性蛋白的摄入。饲料和饮水中添加有利于尿酸盐排出的药物。

肉鸡猝死综合征

肉鸡猝死综合征又称急性死亡综合征、翻跳病，是肉鸡生产中常见的一种疾病，一年四季都可发生，发病率0.5%～4%或更高。公鸡比母鸡发病率高，生长快的较生长慢的鸡发病率高。

【病因】

本病发生的原因尚无明确解释，但一般认为与代谢、遗传、营养、环境等因素有关。

（1）遗传育种　目前肉鸡培育品种逐步向快速型发展，生长速度快，体重大，而相对自身内脏系统发育不完全，导致体重发育与内脏不同步。

（2）饲养因素　营养较好、早期采食能量高的饲料、自由采食或采食量大和吃颗粒饲料的鸡发病严重。

（3）环境因素　温度高、潮湿大、密度大、通风不良、连续光照时间长的条件下死亡率高。

（4）新陈代谢　猝死综合征病鸡体膘良好，嗉囊、肌胃装满饲料，导致血液循环向消化道集中，血液循环发生障碍，导致心力衰竭。

【临床症状】

多发生于生长快、体型大、肌肉丰满的鸡只。发病前无明显征兆，行动突然失控，向前或向后跌倒，双翅剧烈扇动，肌肉痉挛，发出尖叫声，继而颈腿伸直倒地而死。

【病理变化】

外观体型较丰满，除鸡冠、肉髯略潮红外无其他异常，嗉囊和肌胃内充盈刚采食的饲料；心房扩张，心脏较正常鸡大，心肌松软；肝肿大、质脆、色苍白；肺淤血；胸肌、腹肌湿润苍白，少数死鸡偶见肠壁有出血症状；成年鸡泄殖腔、卵巢及输卵管严重充血。

【预防与治疗】

(1) 预防　肉鸡饲养前期，适当进行限饲，降低肉鸡生长速度；合理的饲料配方，保持蛋白能量的平衡，防止蛋能比例失调导致脂肪代谢障碍；在饲料中添加维生素及矿物质元素，维持机体酸碱平衡；优化饲养环境，消除各种应激因素，保持环境安静，防止惊吓鸡群。

(2) 治疗　在本病易发阶段，每千克日粮中添加300毫克以上的生物素，另外添加氯化胆碱1克/千克、维生素E 10国际单位/千克及适量的维生素B_1、维生素B_{12}等，可以降低发病率。

在饮食中添加碳酸氢钠，每只鸡用量为0.62克，将碳酸氢钠溶于饮水中连饮3天，或用碳酸氢钠以3.6千克/吨饲料的比例拌入料中，效果相同。

肉鸡腹水综合征

肉鸡腹水综合征又称“高海拔症”，是在世界范围内流行较快的一种新的肉鸡疾病，是以幼龄肉鸡腹中聚集起大量的浆液为特征的一种综合征，主要侵害4周龄以上的肉鸡，但死亡一般发生于后期。由于它能引起幼鸡高达35%以上的死亡率，直接影响养鸡者的经济效益，故必须引起肉鸡饲养户的密切关注。

【病因】

引起肉鸡腹水综合征的病因尚不十分清楚，但大多数人认为与缺氧有关，且遗传因素是引起腹水综合征的潜在因素。

① 饲料能量和蛋白质含量过高导致肉仔鸡心肺功能和肌肉的增长速度不协调，造成心肺代偿性肥大和心力衰竭，从而导致腹水。饲料中维生素E、硒的缺乏，导致肝坏死，引起腹水，饲料中钠含量过高，造成血液渗透压增高导致腹水。

② 饲养环境条件不良，如卫生条件差、密度过大、潮湿、通风不良等则发病率高，舍内通风不良，二氧化碳、氨、一氧化碳、硫化氯等有害气体增多，致使鸡舍含氧量下降，鸡的心脏长期在慢性缺氧状态下，出现过速运动，从而造成心脏疲劳、衰竭及静脉压升高。静脉血管通透性增强，形成腹水，而腹水大量聚积后又压迫心脏，加重心脏负担，使鸡只的呼吸更加困难。尤其是管理不当的鸡群发病率很高。

③ 饲喂霉败饲料或使用劣质添加剂及饲喂变质油脂均可导致慢性中毒，

破坏肝功能，改变血管通透性，引起腹水。食盐中毒、煤酚类消毒剂和有毒的脂肪中毒、莫能菌素、含有芥子酸的菜籽油中毒等均可引起血管损伤，增加血管的通透性，导致腹水综合征的发生

④ 鸡只患呼吸系统疾病，机体缺氧时会发生腹水。鸡患白痢、霍乱、大肠杆菌病时会破坏肝功能，引起腹水。

⑤ 其他原因诸如舍温低、饲养密度大、高海拔地区氧气稀薄、饲喂颗粒料、垫料潮湿、食盐中毒等均可引发腹水综合征。

【临床症状】

病鸡初期表现精神沉郁，呼吸困难，减食或不食，羽毛粗乱，个别排白色稀粪。以后迅速发展为腹水症，突出表现为腹部膨大、发紫，外观呈水袋状，手触有明显的波动感。病雏常以腹部着地，行动困难，只有两翅可上下扇动。多在出现腹水后 1～2 天死亡，一般死亡率在 10%～30%，最高可达 50%以上。

【病理变化】

突出变化是腹腔内有大量的腹水，一般都在 20 毫升以上，腹水呈淡黄色，透明，内有大小不等的半透明状胶冻状物；心脏肿大、变形、柔软，尤其右心房扩张显著，部分鸡心包积有淡黄色液体；肝肿大或萎缩、质硬、淤血、出血；肺淤血、水肿，呈花斑状，切面流出多量带有小气泡的血样液体；肠系膜及浆膜充血，肠黏膜有少量出血，肠壁水肿增厚。

【预防与治疗】

（1）预防

① 加强环境管理，解决好通风和控温的矛盾，保持舍内空气新鲜，氧气充足，减少有害气体，合理控制光照。经长途运输的雏鸡禁止暴饮。

② 早期进行合理限饲，适当控制肉鸡的生长速度。可用粉料代替颗粒料或饲养前期用粉料，同时减少脂肪的添加。若发病鸡群在 2～3 周龄时，限制饲料或改换低能、低蛋白饲料后，病鸡好转，腹水吸收，死亡率下降。

③ 执行严格的防疫制度，预防肉鸡呼吸道传染性疾病的发生。另外要合理用药，对心脏、肺、肝等脏器有毒副作用的药物不可使用。

④ 饲料中磷水平不可低于 0.05%，食盐的含量不要超过 0.5%，Na^+ 水平应控制在 2000 毫克/千克以下，否则易引起腹水综合征。在日粮中添加适量碳酸氢钠代替氯化钠作为钠源。

⑤ 饲料中维生素 E 和硒的含量要满足营养标准或略高，可在饲料中按 0.5 克/千克的比例添加维生素 C，以提高鸡的抗病、抗应激能力。

（2）治疗

① 用12号针头刺入病鸡腹腔先抽出腹水，然后注入青霉素、链霉素各2万国际单位，经2～4次治疗后可使部分鸡康复。

② 发现病鸡首先使其服用大黄苏打片（20日龄雏鸡1片/只/日，其他日龄的鸡酌情处理）以清除胃肠道内容物，然后喂服维生素C和抗生素，以对症治疗和预防继发感染，同时加强舍内外卫生管理和消毒。

中 暑

鸡中暑又称热衰竭，是日射病（太阳光的直接照射所致）和热射病（环境温度、湿度过高，体热散发不出去所致）的总称，是炎热酷暑季节的常见病。中暑多发于气温超过36℃时，通风不良且卫生条件较差的鸡舍易发，中暑的严重程度随舍温的升高而加大。当舍温超过39℃时，可迅速导致鸡中暑而造成大批死亡。特别是肉种鸡对高温的耐受较差，中暑后看上去体格健壮、身体较肥胖的鸡往往最先死亡。19:00～21:00是中暑鸡死亡的高峰时间。

【病因】

天气炎热时阳光强烈的直接照射。夏季气温过高，鸡舍通风不良，鸡群过分拥挤，饮水供应不足。炎热季节运输家禽也是引起中暑的原因之一。

【临床症状】

病初呼吸急促，张口喘气，翅膀张开，发出“嘎嘎”声，鸡冠、肉髯先充血鲜红，后发绀（蓝紫色），有的苍白。食欲减退或废绝，饮水增加，严蛋者不饮水。不能站立，昏睡，最后虚脱而死。

【病理变化】

尸体剖检腹腔脏器温度升高，触之烫手。死鸡一般肉体发白，似开水烫过一样。

【预防与治疗】

（1）降低鸡舍温度　通风降温，以纵向通风效果为好；喷水降温，当鸡舍温度超过32℃，可采用旋转式喷头的喷雾器，向鸡舍的顶部或墙壁喷水。高温时可用高压式低雾量喷雾器向鸡体上直接喷水，还可以在进风口处设置水帘，使空气温度降低后再进入鸡舍。有的地方用深井水配消毒药对鸡群多次喷洒。

（2）搞好鸡舍周围绿化　在鸡舍周围植树遮阴，搞好绿化，可降低热辐射的50%～60%，但不要影响鸡舍自然通风。

（3）调整饲料配比　因温度每升高1℃，鸡采食量下降1.6%，故宜使用高浓度日粮。饲料中多用植物蛋白，可增加3%～4%的豆饼，1%～2%的叶粉和麸皮，减少脂肪含量，多喂青饲料。调整喂料时间，选气温凉爽时间加料喂鸡，以清晨4:00～5:00、晚17:00～18:00为宜。

(4) 加强饲养管理　供足新鲜清洁饮水，上午10:00到下午16:00，每2小时换水1次；实行早晚光照法，早4:00开灯，晚21:00闭灯，开灯后10～15分钟喂料。

(5) 日粮中补加抗热应激添加剂　添加维生素C对热应激的效果明显，每千克饲料加入200～400毫克，混饲；氯化钾，每千克饲料加入3～5克混饲，或每升水中加入1.5～2.0克混饮；碳酸氢钠，每千克饲料加入2～5克混饲，或每升水中加入1～2克混饮（夏季混饮用量不宜超过0.2%）。

(6) 发病后处理　一旦发现鸡只卧地不起，呈昏迷状态时，尽快将其移至通风阴凉处，冷水喷雾、浇泼或冷水浸湿鸡体。用小苏打水或0.9%盐水饮喂，一般会迅速康复。

参考文献

[1] 杨宁．家禽生产学[M]. 北京：中国农业出版社，2020.

[2] 段晓军，李晓芬．家禽生产[M]. 北京：中国农业出版社，2019.

[3] 徐建义．禽病防治[M]. 北京：中国农业出版社，2014.

[4] 林建坤，郭欣怡．养禽与禽病防治[M]. 北京：中国农业出版社，2014.

[5] 葛鑫，吴宝新．鸡生产与疾病防治[M]. 北京：化学工业出版社，2012.

[6] 周新民，蔡长霞．家禽生产[M]. 北京：中国农业出版社，2011.

[7] 张玲．养禽与禽病防治[M]. 北京：中国农业出版社，2012.